U0962490

第一性原理穿透思维定势

吴　雨◎编著

中国商业出版社

图书在版编目（CIP）数据
第一性原理穿透思维定势 / 吴雨编著. -- 北京 : 中国商业出版社, 2025. 8. -- ISBN 978-7-5208-3537-4
Ⅰ. B842.5
中国国家版本馆CIP数据核字第2025X435Z0号

责任编辑：常　松

中国商业出版社出版发行
（www.zgsycb.com 100053　北京广安门内报国寺1号）
总编室：010-63180647　编辑室：010-83114579
发行部：010-83120835/8286
新华书店经销
河北吉祥印务有限公司印刷
*
710毫米×1000毫米　16开　11印张　130千字
2025年8月第1版　2025年8月第1次印刷
定价：68.00元
* * * * *
（如有印装质量问题可更换）

前言

第一性原理是指打破一切知识的樊篱，在不参照经验的情况下，回归事物本原去思考基础性的问题。

第一性原理是透过现象看本质的超级方法。记住下面这句话：先问根本问题是什么，再想应该怎么做。无论在任何领域、任何阶段、任何环境下感到迷茫时，都要抛开表象，洞穿本质，直达问题关键，看透真相！

第一性原理不仅能帮助人们解决当下遇到的问题，还能帮助人们拓展认知边界，探索新的可能性，突破自我局限。

本书的创作初衷，就是希望帮助读者掌握第一性原理这一强大的思维工具，学会用全新的视角看待世界，解决在人生中遇到的各种问题。书中内容涵盖生活、职场、健康、养老、社交等多个维度，每一个章节都围绕一个核心主题，深入剖析第一性原理在其中的应用，并辅以实用的方法和注意事项，帮助读者将理论应用到实际生活中。

读者阅读完本书就会发现："脱单"不是靠运气，而是凭一场精准的"人类行为分析"；存钱不一定要当"苦行僧"，掌握规律就能让钱包自动"膨胀"；预测未来不能胡猜乱想，用对方法才能看清趋势。

本书通俗易懂，书中没有高深莫测的理论，只有让人拍案叫绝的趣味解读。话题覆盖人生关键场景，帮助读者建立“用第一性原理解决具体问题”的思维惯性，化身人生解题高手，轻松破解爱情、事业、财富等关键命题，从此告别迷茫，活得明白通透！

目 录

第一章
别再被表象迷惑，用第一性原理打破认知滤镜

第二章
思维的第一性原理是本质追问，而非经验复制

第五章 创业的第一性原理是满足需求，而非跟风模仿

第六章 财富管理的第一性原理是认知变现，而非投机

第七章 情绪管理的第一性原理是理性接纳，而不是盲目对抗

第八章 婚恋家庭的第一性原理是共同成长，而非单方付出

第九章 健康的第一性原理是身心平衡，而非单一的指标优化

第十章 把控未来的第一性原理是拥抱变化，回归本质

第一章

别再被表象迷惑，用第一性原理打破认知滤镜

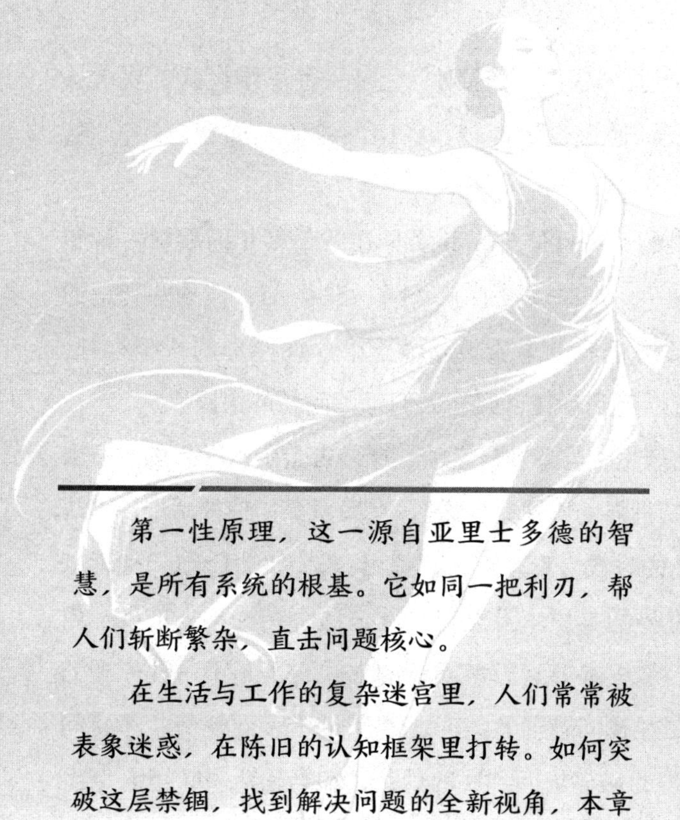

第一性原理，这一源自亚里士多德的智慧，是所有系统的根基。它如同一把利刃，帮人们斩断繁杂，直击问题核心。

在生活与工作的复杂迷宫里，人们常常被表象迷惑，在陈旧的认知框架里打转。如何突破这层禁锢，找到解决问题的全新视角，本章将开启全新的思维大门。

第一性原理的哲学溯源：古希腊的智慧火种

所谓第一性原理，又叫首要原则。它是一种思维模式，要求从最基本的原理出发，通过逻辑推理，找出问题的本质和解决方案，而不是依赖于类比或经验。

如今众所推崇的第一性原理，其实早在两千多年前就被古希腊的哲学家研究透彻了。那时候没有互联网、没有 AI，但这些智慧的先哲，已经开始琢磨世界的本质，点燃了第一性原理的智慧火种。而这簇火苗，一直燃烧到现在，照亮人们思考问题的道路。

第一性原理的产生，与泰勒斯有关。这位古希腊哲学界的“开山鼻祖”，天天琢磨“世界的本原是什么”。在大家都相信神话传说、认为世界是由神创造的时候，泰勒斯大胆提出：“万物源于水。”他尝试从物质层面寻找世界的本质。虽然现在看来这个结论不太准确，但他这种追根溯源、从根本要素思考问题的方式，正是第一性原理的雏形。就像人们在寻找问题的答案时，不满足于表面解释，非要问个“为什么”，这股打破砂锅问到底的劲儿，和泰勒斯一脉相承。

另一位古希腊伟大的哲学家亚里士多德，则给第一性原理下了明确的定义。他认为“第一性原理是认知事物的第一基础”。在他看来，要真正理解一个事物，不能只看表面现象，得找到最底层、最根本的原理。比如研究运动，不能只看到物体在移动，而要探究是什么力量让它动起来，背后的规律又是什么。

亚里士多德在《形而上学》一书中首次提出“第一性原理”这一概念，并将其定义为“每个系统中不可证伪且无须证明的元命题”。在他看来，无论是数学里“两点之间直线最短”的公理，还是逻辑学中“A 与非 A 不能同真”的矛盾律，任何知识体系都建立在少数不容置疑的根基之上，这些根基就是第一性原理。

这一理论为理解世界提供了一种从根源出发的思考范式，打破了当时依赖神话传说解释世界的传统，如同在黑暗中点燃了一盏理性的明灯，为科学革命埋下了最初的火种，引导人们从现象深入本质，探寻事物的根本规律。

这种思维方式影响了无数后来者，从科学研究到日常生活，大家都开始学着用第一性原理去剖析问题。

还有毕达哥拉斯，他痴迷于数学，认为“万物皆数”，尝试用数学原理解释世界的秩序和规律。在他眼里，数字不是简单的计算工具，而是构成世界本质的关键要素。这种将复杂现象简化为基本原理的思考，也是第一性原理的生动体现。就像现在人们用数学模型预测经济走势、分析物理现象，其实都是在延续毕达哥拉斯的智慧。

两千多年前古希腊哲学家播下的第一性原理的智慧火种，至今仍在指引人们思考。

第一性原理的科学发展：从理论基石到创新驱动力

随着时代的演进，第一性原理从哲学思辨逐渐融入科学研究的各个领域，成为构建理论体系和推动创新的核心力量。

如果说古希腊哲学家给第一性原理埋下了智慧的种子，那么科学发展的长河则为这颗种子提供了肥沃的土壤。从实验室里的精密仪器，到改变世界的科技创新，第一性原理早已从哲学理论的基石，进化成推动科学进步的超级引擎。它就像一把万能钥匙，打开了一个又一个原本看似无解的科学谜题。

在物理学领域，牛顿的三大定律堪称经典力学体系的第一性原理，从简单的“F=ma”出发，推演出天体运行、机械运动等复杂现象，让人类对宏观世界的运动规律有了系统认知。牛顿的思考方式，正是第一性原理在科学领域的经典应用——从最根本的问题入手，寻找事物背后的通用规律。

到了近现代，第一性原理摇身一变，成为科学发展和科技创新的核心驱动力。

爱因斯坦提出相对论时，物理学界被牛顿力学统治，大家都认为时间和空间是绝对不变的。但爱因斯坦没有被固有理论束缚，他基于“光速不变”这一基本事实，运用第一性原理重新思考时间、空间和物质的关系，打破常规思维，提出了震惊世界的相对论。这一理论不仅颠覆了人们对宇宙的认知，更为后来的核能利用、卫星定位等技术奠定了基础。

在生物学领域，沃森和克里克发现的DNA双螺旋结构，将中心法则确立为生命信息传递的铁律，使得遗传变异、蛋白质合成等复杂生命过程可追溯到碱基配对这一底层逻辑。

在经济学领域同样如此。亚当·斯密提出的“理性人假设”长期作为经济分析的基准，但随着研究的深入，行为经济学家发现人类“有限理性”与“损失厌恶”等心理机制才是更真实的决策基础。这种对底层认知假设的修正，催生了助推理论等政策工具的创新，推动经济学不断发展。

第一性原理从古老的哲学理论，发展成为如今的创新驱动力，它启示人们：只要掌握正确的思维方式，每个人都能成为解决问题的高手。

第一性原理热潮：知识普惠下的全民思维进化

在信息飞速流转的当下，网络平台以其独特的传播力，让各种话题迅速蔓延，“第一性原理”便是其中之一。这一原本在学术与商业精英圈层探讨的思维方式，借助短视频等通俗易懂的呈现方式，走进了大众视野，引发广泛热议。从古老的哲学思辨到现代科技创新的底层逻辑，它的演变历程映射了人类思维的进化与突破。

短视频平台以其独特的传播优势，让第一性原理从商业精英和学术专家的小众讨论，迅速走向大众。平台上的创作者以丰富多样的形式解读第一性原理。有的通过生动有趣的动画，将复杂的概念拆解成通俗易懂的画面；有的结合生活中的常见场景，如选择职业、购买商品等，深入浅出地阐述如何运用第一性原理思考和决策；还有的分享商业巨头运用第一性原理取得成功的案例，激发观看者的学习热情。这些短视频以碎片化、直观化的特点，打破了知识传播的门槛，让不同年龄、职业和教育背景的人都能轻松接触并理解这一高深的思维方式。

例如，一位职场博主制作的“第一性原理在职业选择中的应用”短视频，从分析个人兴趣、能力和市场需求的本质出发，帮助观看者厘清职业规划的思路，获得了数十万的点赞和大量转发。

众多类似的优质内容在短视频平台上汇聚、传播，引发了用户的热烈讨论和积极实践，形成了一股学习和运用第一性原理的热潮。这种热潮不仅丰富了大众的思维工具箱，更在一定程度上推动了社会整体思维方式的进化，让人们在面对问题和挑战时，学会从本质出发，寻找更具创新性和突破性的解决方案。

从亚里士多德的哲学殿堂到现代科学实验室，再到商业创新前沿和短视频平台上的全民热议，第一性原理完成了一次跨越时空的思想之旅。它的发展演变见证了人类不断探索真理、追求创新的精神历程。未来，随着更多人对其进行深入理解和运用，第一性原理将在更多领域绽放光彩，持续推动人类社会的进步与发展。

别再被表象迷惑！第一性原理专治“看不透本质”

你有没有过这样的经历？刷短视频时看到别人收入高，立刻冲动报名课程；看到热门餐厅大排长龙，就算等两个小时也要尝鲜；因为某个专家说吃某种食物有益健康，就疯狂囤货……这些被表象牵着鼻子走的行为，恰恰暴露了人们思维的漏洞——总在用“别人都这样”“看起来很厉害”的模糊认知，代替独立思考。

第一性原理，说白了就是“打破砂锅问到底”的思维方式。

生活中那些让人冲动的陷阱，往往都藏在“看起来很合理”的表象里。就拿职场焦虑来说，很多人看到同龄人升职加薪，立刻觉得自己“输在了起跑线”，慌忙跟风考证、跳槽。但用第一性原理拆解就会发现：职场的本质是个人价值的交换，与其盲目追赶别人的节奏，不如先问问自己“我能为公司解决什么独特问题”。

为什么我们总被表象迷惑？因为大脑天生喜欢“偷懒”。用经验和直觉做判断，比一层层拆解问题轻松得多。就像看到超市大促销，大脑会自动启动“便宜＝划算”的快捷通道，让人们忽略对商品本身的需求度。但这种“偷懒”的代价，就是让自己在错误的方向上越走越远。

第一性原理的神奇之处，在于它能帮人们把复杂问题简单化。就像装修房子，面对五花八门的风格和材料，与其纠结“哪种设计最吸睛”，不如先想清楚“这个家最需要满足哪些生活功能”。这种思维方式甚至能改变人生选择：在纠结要不要转行时，别只盯着新行业的高薪和前景，而是回到“我擅长做什么”“什么能让我持续获得成就感”这些最根本的问题上。

打破认知滤镜的过程，其实是一场和自己的博弈。它要求人们放下“走捷径”的侥幸心理，学会像拆解积木一样，把每个问题拆到最小单元。一旦真正掌握这种思维，就会发现生活中那些看似无解的难题，其实都藏着最简单的答案——只要愿意拨开层层迷雾，找到最底层的那把钥匙。毕竟，人生最浪费时间的事，不是在正确的道路上缓慢前行，而是在错误的方向上拼命奔跑。

那么，该怎么用第一性原理练就一双“火眼金睛”，看穿表象、直达本质呢？

1. 遇事三连问：是什么？为什么？怎么办？

看到一个现象，先问“这到底是什么”，别被花哨的包装迷惑。比如看到热门产品，不要只看宣传广告，而是研究它的实际功能和质量。接着问“为什么会这样”，深入挖掘背后的原因，一款产品突然大卖，是真的效果好，还是靠大量营销推广？最后问“怎么办”，基于本质找到应对策略，如果是营销炒作，那就理性看待，不盲目跟风购买。通过这三连问，层层剥离表象，找到问题核心。

2. 把问题拆解到最小单元

复杂问题就像一团乱麻，直接上手根本搞不清，可运用第一性原理，把它拆分成最基础的要素。比如分析一家餐厅生意不好的原因，可以从菜品（口味、种类）、服务（态度、效率）、环境（装修、卫生）、价格（性价比）等方面逐一分析。

3. 跳出经验舒适圈，拒绝惯性思维

过去的经验有时会变成思维枷锁，以前成功的方法放在当下不一定适用。比如传统实体店一直靠地段和广告吸引顾客，但在电商冲击下，还死守老套路是肯定不行的。遇到新情况，先清空“经验缓存”，用全新的视角思考，问问自己：抛开以往的做法，这件事的本质需求是什么？有没有更好的解决办法？这样才能避免被经验误导，发现隐藏的本质。

4. 建立本质对比清单，找参照物辅助判断

有时候单看一个事物，很难看清本质。这时候可以找类似的案例或标准做对比。如想判断一家新健身房是否靠谱，可以看看行业内口碑好的健身房是怎么做的，对比课程设置、教练资质、设备维护等方面；准备买理财产品时，可以对比不同产品的收益率计算方式、风险等级。通过对比，能更清晰地发现差异，识别出哪些是真正有价值的，哪些只是做表面功夫的。

5. 定期复盘反思，升级思维操作系统

每次处理完问题，不管结果好坏，都要花点时间复盘。想想自己有没有被表象迷惑，哪里看问题不够深入，下次遇到类似情况该怎么改进……要像给电脑更新系统那样，不断优化自己的思维方式。坚持一段时间，就会发现自己看问题越来越准，再也不容易被表象迷惑了。

生活就像一场“大家来找茬”的游戏，表象是迷惑人们的干扰项，本质才是通关密码。

真正认识自我，打造运用第一性原理的基石

大家有没有试过对着镜子问自己：“我到底是个什么样的人？”这个看似简单的问题，可能比探秘宇宙还让人头疼。人们总以为很了解自己，就像觉得手机电量还剩 50% 够用，结果突然黑屏才发现被虚电骗了。其实，认识自我就像是第一性原理的“电量校准器”，如果连最底层的自己都没搞清楚，就算使用再厉害的思维工具也容易跑偏。

很多时候，人们对自己的认知都被外界的“滤镜”扭曲了。刷朋友圈看到别人展示健身成果，立刻觉得自己也该有八块腹肌；看到同事升职加薪，就怀疑自己是不是不够努力。这些“别人的标准”像贴纸一样粘在人们身上，让人们忘了自己原本的模样。

认识自我的难点，在于有些人太擅长给自己“加戏”，总觉得自己应该成为某种理想中的样子，却忽略了自己真实的底色。就像强迫五音不全的人学唱歌，就算报最贵的课程，也很难成为专业歌手。

第一性原理告诉人们，与其盲目模仿别人的成功路径，不如先蹲下来看看自己脚下的土壤：自己的天赋在哪里？哪些事做起来像呼吸一样自然？哪些短板再努力也只能勉强“及格”？

自我认知是一个不断探索和深化的过程，想要真正了解自己，不妨从以下几个方面入手。

1. 自我探索

——了解自己的价值观

思考什么对自己最重要，如家庭、事业、健康、自由等，可通过分析过去的重要决策或对不同生活场景的偏好来确定。比如在面临工作选择时，是更看重薪资还是工作的稳定性、个人成长空间等，由此判断自己在职业方面的价值观。

——认识自己的性格特点

可以借助性格测试工具，如 MBTI（16 型人格测试）、九型人格测试等初步了解自己的性格类型，再结合日常行为表现和他人评价，分析自己是内向还是外向、是更注重细节还是更关注整体等。

——明确自己的兴趣爱好

回顾自己在业余时间喜欢做什么，是绘画、阅读、运动还是其他，这些活动往往能反映出自己的兴趣所在。也可以尝试参加各种新的活动，看哪些能让自己产生持续的热情和投入。

2. 收集反馈

——主动征求他人意见

与家人、朋友、同事等交流，询问他们对自己的看法，包括优点和不足。比如可以定期与同事进行工作反馈交流，了解自己在团队合作、工作能力等方面的表现。

——观察他人反应

在与他人交往中，留意他人对自己行为、言语的反应，从中推断自己给他人的印象和可能存在的问题。例如，如果他人经常表现出不耐烦或困惑，可能需要反思自己的语言表达是否清晰或过于啰唆。

3. 分析经历

——回顾成功经历

思考自己过去取得的成功，无论是大的成就还是小的进步，分析自己在其中发挥的优势和能力。比如成功完成一个重要项目，可能说明自己有较强的组织协调能力和专业能力。

——反思失败经历

从失败中吸取教训，分析是什么原因导致失败，是自身的知识能力不足、态度问题还是外部因素等，从而明确自己需要改进的地方。

4. 持续学习与实践

——阅读与学习

阅读心理学、自我成长等方面的书籍和文章，参加相关课程或讲座，了解自我认知的理论和方法，不断丰富自己对人类心理和行为的理解，从而更好地认识自己。

——尝试新事物

通过不断挑战自我，参与新的工作项目、社会活动等，在不同的环境中发现自己的潜力、不足和新的兴趣点，进一步拓展自我认知的边界。

认识自我的过程，其实是和自己进行一次坦诚对话的过程。就像整理乱糟糟的房间，要把压在箱底的旧衣服、过期的化妆品都翻出来，该扔的扔，该留的留。要承认自己的脆弱，承认自己的局限。这种认识不是放弃，反而是为了把精力聚焦在真正能发光的地方。

更重要的是，认识自我不是一劳永逸的事，认知也会随着经历改变。20 岁觉得爱情排在首位的人，到 30 岁时可能更看重事业的成就感；曾经害怕失败的胆小鬼，经历过挫折后反而会变得勇敢。但无论怎么变，那个最底层的“我”始终是思考的起点。只有把这块基石打磨平整，用第一性原理搭建的人生大厦，才不会在风雨来临时摇摇欲坠。毕竟，这世上最荒谬的事，莫过于拿着别人的地图去寻找自己的宝藏。

如何运用第一性原理解决生活难题

在复杂的现实生活中，应该如何运用第一性原理处理各种问题呢？下面几个方法可供参考。

1. 寻找本质

寻找本质，找到问题的最根本的逻辑，这是使用第一性原理思考的第一步，也是最难的一步。想要寻找问题的本质、抓住问题的根本逻辑，首先得抛开表面现象与固有经验，不断追问“为什么”，像剥洋葱般拆解问题，直到触达不可再分的核心要素；然后再去验证这些底层逻辑是否成立，基于此重新构建解决方案。如此，才能跳出惯性思维，直击问题要害，找到真正有效的破局之道。

2. 严密推演

（1）推演过程需要有严密的逻辑关系，尽量少引入估计。

（2）推演时需以事实为基石，从已知条件出发，运用演绎、归纳等逻辑方法逐步推导。

（3）每一步结论都必须由前提必然得出，通过因果链环环相扣，避免主观臆测与模糊推断。

（4）复杂问题可拆解为多个子命题，确保每个环节都经得起推敲，从而构建起坚实可靠的论证体系。

3. 尊重客观推演结果

（1）在推演过程中，要摒弃对同类方案和过往经验的依赖，以客观事实为唯一依据，尊重客观推演结果。

（2）要基于事物本身的属性和规律，从基本原理出发进行推导，不预设结论，不强行套用模板。

（3）要如实记录每一步推导结果，即便结论与预期相悖，也始终尊重客观事实，确保推演的独立性与真实性。

（4）要做好“找到最本质的出发点”和“保证严密的逻辑关系”这两点。最重要的是学会保持“空杯心态”，在推演分析的时候，屏蔽现有的、已知的各种干扰。

4. 获得无可置疑的真相

（1）系统性地怀疑可能怀疑的一切事物，直到获得无可置疑的真相。

（2）要对所见所闻保持审视的态度，从日常认知到权威论断，皆可纳入怀疑范畴。

（3）要像拆解精密仪器般，对每个观点、每个论据层层剖析，验证其前提是否可靠、逻辑是否严密。

（4）要持续追问、反复验证，直至剥离所有不确定性，提炼出经得住推敲、无可辩驳的本质真相。

5. 持续探寻

在某个领域内，只要持续向前寻找，都能找到第一性原理。任何领域都可能被表象层层包裹，只要不满足于表面答案，不断追问“这个结论的依据是什么”“支撑它的基础是什么”，持续深挖，就能逐步剥离干扰因素。当抵达不可再分、无须证明的底层命题时，那便是该领域的第一性原理，也是构建认知与创新的基石。

第二章 思维的第一性原理是本质追问，而非经验复制

你是否曾在解决问题时，习惯性地翻出“经验手册”，却发现老办法在新挑战面前频频失去作用？当人们用过去的钥匙开未来的锁，本质上是陷入了“经验复制”的思维泥潭。真正的破局之道往往藏在对事物本质的持续追问里。

思维的第一性原理，不是重复别人走过的路，而是将问题还原到最基础的要素。它要求放下“大家都这么做”的惰性，以“为什么是这样”的好奇心，直抵事物运行的底层逻辑。

本章将带你突破经验的枷锁，学会用本质思维重新定义问题，在复杂世界中找到真正的解题密钥。

思维的第一性原理是探寻事物的本质

思维的第一性原理是一种极具颠覆性与创新性的思考方式，它摒弃基于过往经验、常规类比的浅层思维模式，回归事物最本质、最基础的命题或假设，以此为根基进行逻辑推演和认知构建。

你有没有过这样的体验？刷短视频学做菜，跟着教程一步步操作，最后端出来的成品却和视频里判若两“菜”。这就像人们的思维习惯——总爱照搬现成经验，却忘了每个问题都有自己的“脾气”。思维的第一性原理，就是要教会人们扔掉“别人的菜谱”，亲自研究食材的特性，从零开始作出属于自己的美味。

传统的思考方式，是“复制粘贴”式思维，看似高效，实则偷懒。就像拿着别人的地图找路，运气好能走到相似的地方，一旦遇到岔路口，立马不知道该怎么走了。而第一性原理更像一场“思维的荒野求生”，没有现成攻略，只能靠自己观察环境、分析资源，走出一条独特的路。

第一性原理的神奇之处，在于它能把复杂问题“打回原形”。就像拆解一台老式收音机，当把“声音怎么传出来”的大问题，拆成“电流如何转化为震动”“喇叭结构是什么样”这些小问题，答案就清晰了。职场上，很多人抱怨“升职难”，用经验思维想，就是“我加班不够多”或“没混好人际关系”，但用第一性原理追问，会发现思考的核心应是“我创造的价值是否不可替代”。这种视角的转变，就像给思维装了一盏探照灯，瞬间穿透迷雾。

更有意思的是，第一性原理专门解决习惯性思维问题。人们总爱给问题贴标签："这是年轻人玩的""女生不适合学理科"……这些标签就像思维的"封印咒"。但如果用第一性原理重新审视，会发现"年轻人追捧"的本质是满足了某种需求，"女生学不好理科"可能只是刻板印象在作祟。就像洗碗机刚出现时，很多人觉得洗碗就该动手，却忽略了它解决的根本问题是节省时间。

只有打破这些固有认知，才能发现新的可能性。

当然，切换到第一性原理的思维模式并不容易。这就像从自动挡切换到手动挡开车，一开始手忙脚乱，甚至熄火，但熟练后反而能精准掌控。当开始习惯问"为什么"而不是"怎么办"，习惯拆解问题而不是复制答案，会发现世界突然变得通透。

生活中那些会获得成功的人，都深谙第一性原理的魅力。他们不做经验的搬运工，而是做本质的挖掘者。这就像同样是拍短视频，有人模仿热门视频的套路，有人却研究"观看者为什么会停留"；同样是创业，有人照搬成功案例，有人却思考"用户最需要的是什么"。

当学会用这种全新的方式思考时，收获的不仅是解决问题的能力，更是一种穿透表象、看清世界的智慧。毕竟，人生这场考试没有标准答案，但掌握第一性原理，就能找到属于自己的解题思路。

别让经验主义成为思维的枷锁

你有没有发现，人的大脑就像一台老相机，自动给所有新事物套上“经验滤镜”，看到戴眼镜的人就觉得斯文，碰到穿西装的人就默认是销售——这些“约定俗成”的认知，看似帮人们节省了思考时间，实则在不经意间成了困住思维的牢笼。

生活里总有那些被经验误导的例子。比如老一辈总说“铁饭碗才靠谱”，结果有人放弃高薪工作挤进传统企业，没几年就赶上行业衰落遭遇失业；就像用 10 年前的地图导航今天的路，很可能会让人迷路。

经验主义最狡猾的地方，在于它总披着“为人们好”的外衣。比如职场里前辈传授的“向上管理技巧”，在扁平化管理的新公司里可能完全失灵。这些经验就像不合脚的旧鞋，明明磨得脚生疼，却因为穿习惯了，舍不得换掉。但第一性原理告诉人们：时代在变，环境在变，思维不可以原地踏步。

更可怕的是，经验主义还会让人们陷入“舒适区黑洞”。你有没有发现，越是擅长做的事，越容易重复去做？会写 PPT 的人一直在做 PPT，会做报表的人十年如一日地制表。这种“熟练工思维”就像游戏里的无限循环关卡，看似在前进，实则在原地打转。

想要打破经验主义的枷锁，就得学会给大脑“格式化”。就像清理手机内存一样，定期删掉那些过时的认知缓存。下次遇到问题时，别急着说“我以前都是这么做的”，先问问自己：这件事最本质的需求是什么？现在的环境和过去有哪些不同？就像外卖行业刚兴起时，有些传统餐饮人还在用“堂食经验”思考，有些人却抛开“必须到店消费”的固有认知，抓住了“懒人经济”的本质，靠经营外卖闯出了新赛道。

历史总在证明，那些敢推开未知之门的人，才能看到新世界。

突破经验牢笼，开启思维新航线

突破经验牢笼，即突破过往经验对思维和行为的限制，可从以下几个方面入手。

1. 保持开放心态

——接纳新观念

主动接触与自己经验不同甚至相悖的观点和信息，不轻易排斥。比如在管理工作中，即使已有成熟经验，也要关注新的管理理念和方法。

——拥抱不确定性

认识到世界的多变性，不过分依赖过去经验来判断未来，以积极的态度面对未知。例如，在投资领域，市场变化多端，因此，要接受不确定性，不盲目依赖以往的投资经验。

2. 积极自我挑战

——设定新目标

制定超出自己舒适区和经验范围的目标，激发探索新事物的动力。例如，长期从事传统营销的人员，可设定开展数字化营销的目标。

——尝试新领域

涉足从未接触过的领域或活动，获取全新的体验和知识。如工程师可以尝试学习艺术创作，打破专业经验的束缚。

3. 反思与重构经验

——深度复盘经验

定期回顾过往经验，分析成功和失败的原因，挖掘其中的局限性和可改进之处。比如在项目结束后，不仅总结做了什么，还要思考有哪些假设和习惯影响了决策。

——重构经验体系

基于反思结果，对经验进行整理和重构，将新的认知和方法融入其中，形成更灵活、全面的经验系统。

4. 加强交流合作

——跨行业交流

与不同行业、背景的人交流，了解他们的思维方式和解决问题的方法。如参加行业交流会，与其他领域的专业人士互动。

——团队合作创新

在团队合作中，鼓励成员提出不同想法，共同探讨创新解决方案，借助集体智慧突破个人经验的局限。如在头脑风暴中，充分融合大家的观点，创造新的思路。

5. 培养创新思维

——学习创新方法

掌握设计思维等创新方法和工具，通过特定的流程和技巧激发创新思维，帮助人们跳出经验的束缚。

——进行创意练习

通过创意写作、创意绘画等练习，锻炼自己从无到有创造新事物的能力，培养打破常规的思维习惯。

人生没有固定航线，过往经验虽宝贵，但绝不能成为限制思维的枷锁。当然，打破经验主义不是全盘否定过去，而是要像挑拣旧衣服一样，留下真正合身的，淘汰过时的。这个世界唯一不变的就是变化，而那些能在变化中站稳脚跟的人，往往都是敢于运用第一性原理重新观察世界的人。

质疑思维就是要在习以为常的事物中发现不寻常的东西

在生活的长河中，人们常常习惯依赖经验，过去成功的经验，就像熟悉的指南针，指引人们在熟悉的航道航行。但当驶向未知的海域时，这些经验有时就会失效。想要突破思维的局限，开辟全新的认知路径，就得敢于质疑。

质疑思维是指用怀疑、批判的眼光，对现有的理论、经验、观点进行重新审视、重新评判，并试图从中找到它们的缺点、弊端，然后加以改进或创新的一种思维方法。

要解决问题，首先就是要发现问题，然后分析问题，最后才能找到解决问题的方法。但很多时候不是解决不了问题，而是发现不了问题。如果一件事情连问题出在哪儿都不知道，又谈何解决呢?

质疑思维就是要常常提出“为什么”三个字。事物的本质和改变创新的机遇,往往就隐藏于对寻常事物再问一个“为什么”的背后。

质疑精神是打破常规思维的有力武器。很多时候，人们不假思索地遵循常规，其实是因为习惯了“理所当然”。质疑思维就是要能在习以为常的事物中发现不寻常的东西。

质疑可以驱散笼罩真理的层层迷雾，引领人们探寻真理的本质。质疑是创新的前奏，也是进步的动力。不要被既有的观念和习惯所左右，敢于质疑，是摆脱经验束缚，走向全新认知的关键一步。在这个快速变化的时代，只有敢于突破常规思维，才能发现新的机遇，创造属于自己的精彩。

需要注意的是，质疑不是抬杠，而是为了培养独立思考的能力。就像健身需要每天训练，质疑习惯也需要刻意练习。在这个世界上，最珍贵的不是现成的经验，而是敢于打破经验的勇气。在学习与工作中，要培养质疑思维习惯，具体可从以下几个方面入手。

1. 保持好奇心

——对周围的事物保持强烈的好奇心

好奇心是思维的火种，能点燃探索未知的热情。别让生活的琐碎磨灭心中的好奇，对每天遇到的小事多问“为什么”和“如果不这样会怎样”：为什么云朵形状总在变？为什么手机能连通千里之外？月亮和太阳如果离地球越来越远会怎样？

像孩子般对世界充满新鲜感，这种永不满足的求知欲，能帮人们打破思维定式，发现藏在日常生活中的奇妙真相，开启认知新世界的大门。

——主动探索不同领域的知识

主动探索不同领域的知识，就像为思维搭建四通八达的立交桥。别把自己困在熟悉的领域，试着跨进经济学读懂市场规律，翻开心理学解析行为奥秘，浏览艺术史感受审美变迁。

不同领域的知识相互碰撞，能产生奇妙的灵感火花，让人们跳出固有思维，从多元视角看清问题本质，发现人生更多的可能性。

2. 学习批判性思维

——掌握批判性思维的方法和技巧

学会分析论点、论据和论证过程，识别其中的逻辑漏洞和不合理之处。比如，在阅读文章或听取观点时，思考其依据是否充分，是否存在以偏概全、因果倒置等问题。

——客观评估信息的可靠性和权威性

不盲目相信权威和传统观念，而是依据事实和逻辑进行判断。

面对海量信息，要像精明的侦探一样“破案”。先查证来源，如官方机构、权威期刊更靠谱；再看内容，是否有数据支撑、逻辑是否严密，警惕情绪化表述与煽动性言辞。别被华丽标题迷惑，多维度交叉验证，才能避免被虚假信息带偏，确保吸收的每一条知识都站得住脚，为理性思考筑牢根基。

3. 勇于尝试和实践

——敢于突破常规

尝试新的方法和思路，通过实践来检验传统假设的正确性。例如，在工作中，尝试用不同的方式完成任务，看是否能取得更好的效果，从而质疑原有的工作模式和方法。

——从失败中学习

当尝试新事物失败时，分析原因，思考是不是因为受到传统假设的束缚，从而进一步反思和质疑这些假设。

4. 积极参与讨论和辩论

——与他人进行讨论和辩论

主动分享自己的观点和想法，同时倾听他人的意见。在交流过程中，不同的观点相互碰撞，有助于发现传统假设的局限性。

——积极参与学术讨论、小组辩论等活动

这样可以锻炼自己的思维能力和表达能力，提高质疑能力。

5. 自我提升，积累质疑资本

——持续学习新知识

关注行业前沿动态、新技术、新理论，参加培训、研讨会等。如市场营销人员可以关注新兴的数字营销手段，了解后可思考其是否能突破传统营销方式的局限。

——反思工作流程

定期回顾工作流程，思考每个环节的必要性和效率。如生产线上的员工可思考现有生产步骤是否最优，有无合并或简化的可能。

把质疑变成思维的日常，就像掌握了一把金钥匙，能打开那些被传统认知锁住的门，发现属于自己的人生第一性原理。记住，真正的智慧不是复制别人的答案，而是在不断追问中，找到只属于自己的人生解法。

转变固有的思维方式，学会发散性思维

在人生的漫漫长路中，人们常常被固有的思维模式禁锢，如同被无形的绳索捆绑，在原地打转，错失无数可能。

事实上，当人们的思维发生改变时，学习的方式也会随之改变。经过长期的训练，思维方式也就发生了改变，进而对以后的人生产生深远的影响。

所谓转换思维，是指对待事物不能只用一种角度去观察和思考，而是应转换角度来分析和解决问题。转换思维不仅能让人生变得更积极，视野更开阔，而且如果有意识地使用，还能转移别人视线，从而达到自己的目的。

古时候，有这样一个老太太，她有两个儿子，大儿子是染布的，二儿子是卖伞的，她整天为两个儿子发愁。天一下雨，她就会为大儿子发愁，因为不能晒布了；天一放晴，她就会为二儿子发愁，因为不下雨，二儿子的伞就卖不出去。老太太总是愁眉紧锁，没有一天开心的日子，弄得疾病缠身，骨瘦如柴。两个儿子没有办法，便把村里最有智慧的教书先生请到家里，来开导老太太。

这位教书先生告诉老太太，为什么不反过来想呢？天一下雨，就为二儿子高兴，因为他可以卖伞了；天一放晴，就为大儿子高兴，因为他可以晒布了。在教书先生的开导下，老太太天天都是乐呵呵的，身体自然也健康起来了。

很多事情，换一个角度来看，就大不相同。换多个角度来看，就形成了发散思维。

所谓发散性思维，又称求异思维、扩散性思维、辐射性思维等，它是一种从不同的方向、不同的途径和不同的角度去思考的展开型思考方法，是从同一来源材料、从一个思维出发点探求多种不同答案的思维过程。人生的答案不止一种，只要思维足够发散，就能想出无数种答案。因此，不要自我设限，凡事多想一想，多去寻求不同的答案。

那具体怎么摆脱固有思维的“紧箍咒”，培养发散性思维呢？下面这几个方法简单又好用，不妨试一试。

1. 每天玩 10 分钟“脑洞大开”游戏

别小看这个小游戏，“脑洞大开”游戏是训练思维的重要方法之一。

找个本子，随便写下一个词，比如“香蕉”，然后限时 10 分钟，写下它所有的用途：香蕉可以吃，香蕉能做颜料，香蕉皮能当肥料，甚至还能把香蕉做成艺术品。

每天坚持练习，就会发现自己的脑洞越来越大，遇到问题时，解决方案也会像喷泉一样涌出来。

2. 主动打破行业惯例

每个行业都有约定俗成的做法，但有些惯例可能正是行业发展的绊脚石。就像以前的酒店只提供住宿，有的酒店却打破常规，在大堂设置阅读区、咖啡吧，把酒店变成“城市第三空间”，吸引了大量文艺青年前来光顾。

下次遇到问题，别急着按老路子走，可以先问问自己：“如果不这样做，还能怎么做？”说不定就能发现新大陆。

3. 建立跨界灵感库

把不同领域的知识混搭在一起，就像把水果、蔬菜、肉串成烤串，能碰撞出奇妙的味道。在关注科技博主的同时，也看看美食、历史类账号；在读商业书籍时，可以顺手翻翻科幻小说。

比如有人从蜜蜂分工协作的模式中获得灵感，优化了公司的团队管理流程。把这些跨界灵感记下来，需要的时候随时调用。

4. 用反向思考法，把问题倒过来想

当正面思考找不到答案时，试试将问题反过来思考。比如，传统思维是“如何让产品卖得更多”，反向思考就是“为什么有些顾客不买我的产品”。运用这种逆向思维，常常发现被忽略的关键。

5. 别怕胡思乱想，允许自己犯错

很多人不敢运用发散性思维，怕想出的点子太离谱。爱因斯坦说过：“想象力比知识更重要。”在头脑风暴阶段，别管想法多荒谬，先记下来再说，说不定看似离谱的点子，稍加修改就能变成创意十足的方案。

转变固有思维，培养发散性思维，就像给大脑解锁了隐藏地图。当学会用新的视角看问题时，未来的可能性会像夜空中的星星一样，越数越多，越看越亮！

破除思维枷锁，避开常见认知误区

你有没有发现，有时候明明自己很努力，却总是在原地打转？比如跟风创业，结果血本无归；拼命学习，成绩却不见起色。这很可能是被思维枷锁困住，掉进了认知误区。就像戴着有色眼镜看世界，看到的都不是真实的景象，自然做不出正确判断。

想要把控未来，就得先打破这些思维枷锁，避开常见的认知误区。

第一个常见误区是“经验依赖症”。人们总觉得“过去这么做成功了，现在肯定也行”，就像刻舟求剑的古人，船已经前行，却还以为能在原来的位置找到掉落水中的剑。过去的经验是财富，但如果盲目依赖，就会变成阻碍创新的绊脚石。

第二个常见误区是“非黑即白”的极端思维，即遇到问题只分对错、好坏，忽略了中间的灰色地带。比如评价一个人，要么是好人，要么是坏人；选择职业，要么稳定但收入低，要么收入高但风险大。这种极端思维会让人错失很多可能性，把自己限制在狭窄的选择里。现实中，不仅人是复杂多面的，很多工作既能带来稳定收入，也有成长空间。

第三个常见误区是“从众心理”。看到别人考证，自己也跟着报名；大家都在追捧某个产品，就跟风购买。就像一群羊跟着头羊走，根本不管前方是草地还是悬崖。这种不思考就盲目跟风的行为，往往会让人陷入被动，作出一些根本不适合自己的选择。

那该怎么破除这些思维枷锁，避开认知误区呢？下面是几个实用的方法。

1. 给经验打补丁，别当老古董

经验可以参考，但不能照搬。遇到新问题时，先问自己：“现在的情况和过去有哪些不同？”定期复盘经验，给它更新迭代，让老经验焕发新活力。比如要开一家餐饮店，不能只沿用传统经营模式，还得考虑当下消费者爱拍照打卡、追求健康饮食等新需求。

2. 学会“灰度思考”，拥抱复杂性

遇到问题别急着下结论，多想想有没有其他可能性。和朋友产生矛盾，别立刻认定是对方的错，试着站在对方角度思考；分析商业机会，不要只看到风险或收益，而是权衡利弊，找到中间的平衡点。

3. 做自己的清醒剂，拒绝盲目跟风

听到热门消息、看到潮流趋势，先冷静下来。听别人说某个行业赚钱，就要问问自己：“我真的了解这个行业吗？我有相关的资源和能力吗？”建立独立思考的习惯，才能不被外界声音左右。

4. 建立“质疑清单”，挑战固有观念

把那些人们认为“理所当然”的事情列出来，比如“学历越高收入一定越高”“结婚就该买房”，然后逐一分析这些观念是否合理。也许就会发现，学历只是敲门砖，能力和机遇同样重要；结婚也不一定非要先买房。敢于质疑，才能打破思维定式，发现新的可能。

5. 多维度“扫描”问题，拓宽思维边界

遇到难题时，学会从多个角度分析。比如，解决城市交通拥堵，不能只想着修路，还可以从优化公共交通、鼓励错峰出行、发展共享出行等方面入手。学习不同学科的知识，和不同领域的人交流，能帮人们打开思维的“任督二脉”，看到更广阔的世界。

思维枷锁就像缠绕在身上的藤蔓，认知误区则是路上的陷阱，只有勇敢斩断藤蔓、绕开陷阱，才能在把控未来的道路上走得又稳又快。

警惕“为什么”陷阱，避免被人干扰

在生活里，人们常常会掉进“为什么”的陷阱，还可能在不知不觉中被他人干扰。不妨回想一下，有没有听过类似这样的问题：“为什么成功的人都那么自律？”“为什么胖的人大多都比较懒？”当这些问题抛来的时候，人们的第一反应往往是思考答案，想要去解释这些现象；可很少有人会去质疑，这些问题本身是否合理。

工作间隙，小王到茶水间泡咖啡。这时，同部门的小张走了过来。小张是部门里有名的“小喇叭”，公司里什么新鲜事都逃不过她的耳朵和嘴巴。

看到小王也在茶水间，小张神神秘秘地走过来，说道："刘总为什么最近总是针对我们呀？"

此话一出，小王的心瞬间一沉，她想："是不是我最近太醉心于工作了，连刘总针对我都没有觉察到？"然后她开始回忆自己到底哪里做错了。因为小张的一句话，小王整整一天都在诚惶诚恐中度过。

"为什么"这三个字有一股强大的魔力，会强行把人的注意力吸引到为这个观点找原因上。当开始找原因时，这个观点就已经悄悄入驻人的大脑，开始思考"是啊，为什么呢"，却不会对此观点产生怀疑。"为什么 + 观点"这个句式让人陷入思维陷阱中，狡猾的人会用这样的方式给他人洗脑。

"为什么 + 观点"的提问之所以可怕，主要在于回答者很容易沿着提问者给的错误方向使劲儿，结果不自觉地成了虚假事实的辩护者。因此，既要防止被他人"干扰"，又要避免自己对自己的干扰。

1. 思考问题的合理性

不管面对什么问题，都不要急着回答，先思考一下这个问题的合理性。

从思维的第一性原理角度来讲，遇到"为什么"的问题时，要回归到事物最基本的层面去分析，而不是盲目接受别人给出的预设观点。得问自己：这个问题所基于的前提是真实且正确的吗？

2. 保持独立思考的能力，不盲目跟风

不能因为别人都认同某个观点，就不假思索地接受。

在信息爆炸的时代，独立思考显得尤为重要。如今网络热点频出，"热门打卡地""爆款商品"层出不穷，许多人盲目跟风，耗费大量时间与金钱。比如某地因一条视频成为热门景点，大批游客涌入，却发现实景与视频相差甚远，体验感极差。而那些保持独立思考的人，会根据自身需求和实际情况判断，不被外界干扰，作出更理性的选择，避免陷入盲目跟风的陷阱。

3. 不仅要问“为什么”，还要多问“怎么办”

“为什么 + 观点”这个思维陷阱，有时候不需要他人引诱，自己也会掉进去。在遇到问题时，不能只简单地问“为什么”，而要多问“怎么办”，这样更有利于跳出思维陷阱，客观地看待问题。

在这个信息爆炸的时代，到处都充斥着各种观点和问题。只有运用思维的第一性原理去看透这些表象，才能不被他人影响，保持清醒的头脑，作出正确的判断和决策，让自己的人生少走一些被误导的弯路。

怎样才能更好地培养并运用第一性原理的思维方式

为了更好地培养并运用第一性原理的思维方式，可以从以下几个方面入手。

1. 学习基础知识

——广泛阅读与学习

（1）阅读不同领域、不同观点的书籍和文章，学习新的理论和知识，了解自然规律和基本原理。

（2）参加各种线上线下课程，了解前沿的研究成果和实践经验，打破学科界限，丰富自己的知识体系。

（3）主动更新知识库，定期学习新领域的知识，比如了解 AI 工具，给思维加点“新燃料”。

——体验不同文化

可以通过旅行、与不同文化背景的人交流等方式，了解他们的价值观、生活方式和思维模式。在这一过程中，往往能够受到深刻的启发，进而以全新的视角去审视和思考问题。

——专业深耕

在自己的专业领域或关注的行业中，深入学习专业知识，掌握该领域的核心概念、理论和技术。如在人工智能领域，需掌握机器学习、深度学习等核心知识。

2. 学会深度思考

——尝试新事物

学习一项新的技能或开展一个全新的兴趣爱好，如学习绘画、摄影、编程等。在新的实践过程中，形成新的思维方式。

——多问“为什么”

遇到问题时，不断追问“为什么”，挖掘问题背后的根本原因。如看到一家公司业绩下滑，不应仅停留在表面的销售数据，而要深入探究是市场需求变化、产品质量问题，还是内部管理不善等根本原因。

——拆解问题

将复杂问题分解为多个简单的子问题，从最基本的要素开始分析。例如，分析一款手机的性能，可拆解为芯片、屏幕、电池等组件进行研究。

——运用“六顶思考帽”

这是一种思维训练方法，用六种不同颜色的帽子代表不同的思考角度。白色代表客观事实、红色代表直觉情感、黑色代表风险判断、黄色代表价值与肯定、蓝色代表控制和调节思维过程、绿色代表创造和想象。在思考问题时依次从这些角度进行分析。

——逆向思考

对常见的观点、做法或问题，尝试从相反的方向去思考。比如当大家都在追求某种流行趋势时，思考一下反其道而行之可能会有什么结果。

3. 敢于突破传统

——挑战固有观念

对传统的思维模式、行业惯例和既有经验保持质疑态度，不盲目跟从。

——跨界创新

借鉴其他领域的理念、技术或方法，为解决问题提供新的思路。

4. 实践与反思

——不断实践

在实际工作和生活中，运用第一性原理思考如何解决问题。如在创业中，从用户的根本需求和产品的基本原理出发，设计产品和商业模式。

——记录思考过程

可以通过写日记等方式，记录自己对某件事情的思考过程，事后再进行分析，找出其中可能存在的局限性。

——总结反思

在每次实践后，总结经验教训，思考是否真正从第一性原理出发，还有哪些地方可以改进，不断优化自己的思维方式。

——审视思维习惯

定期回顾自己在面对问题或作出决策时的思考方式，分析是否存在固定的模式或偏见。比如总是习惯从自身经验出发，而忽略了其他可能性。

人生没有固定的轨道，固有的思维往往是前进的阻碍。唯有打破思维的枷锁，勇于涉足新的领域，才能发现更广阔的天地。

第三章 职场的第一性原理是价值创造，而非单纯完成任务

身处职场，你是否常陷入忙碌却迷茫的状态？每日被各种任务淹没，看似忙碌不停，却不知努力的方向究竟何在。其实，这背后隐藏着职场的底层逻辑——第一性原理。

很多人以为完成任务就是工作的全部，实则不然，职场的第一性原理是价值创造。只有真正理解并践行这一原理，才能在职场中脱颖而出。

足够的价值创造才是职场的第一性原理

身在职场，你是否常常陷入忙碌的旋涡，却对自己的职业发展感到迷茫？每天看似忙忙碌碌，做着重复的工作，很难看到明显的成长和回报。这时候，就需要回归职场的第一性原理——价值创造。

在一些人的认知里，努力工作似乎是职场成功的关键，他们每天最早到公司，最晚离开，主动加班加点，以为这样就能得到领导的赏识和晋升的机会。然而，现实却常常给他们泼冷水。努力固然重要，但如果不能创造出足够的价值，这种努力就只是自我感动。老板和公司真正关注的，是员工能为他们带来什么，是员工所创造的价值能否支撑公司的发展和盈利。

比如，同样是做销售，A员工每天勤勤恳恳地打电话、拜访客户，工作时长拉满，但业绩却始终平平；B员工每天花时间研究市场和客户需求，分析竞争对手，制订有针对性的销售策略，虽然工作时长不一定比A员工多，但业绩却十分出色。很明显，B员工创造的价值更高，也更容易在职场中获得认可和回报。

其实，职场价值包含多个维度，包括专业技能、工作态度、创新能力和持续学习能力等多个方面。

1. 提高专业技能是重中之重

不断学习新知识、新技能，让自己在专业领域越来越精通，才能为公司提供更优质、更专业的服务。如果是一名程序员，就不断提高编程能力，开发出更高效、更稳定的程序；如果是一名设计师，就提高审美和设计水平，打造出更具吸引力的作品。这些都能增加职场价值。

2. 具备创新能力必不可少

要敢于突破传统思维，提出新的想法和解决方案。在职场中，可以通过创新为公司带来新的业务增长点，或者提高工作效率，减少成本支出。

3. 良好的工作态度和团队合作精神非常重要

要积极主动、有责任心，能与团队成员默契配合，共同完成工作目标。在一个团队中，如果每个人都只顾自己，缺乏合作精神，那么整个团队的效率和价值都会大打折扣。一个具有良好团队合作精神的人，能协调各方资源，推动项目顺利进行，为团队和公司创造更大的价值。

4. 持续学习的能力不容忽视

职场就像一个不断变化的舞台，新的技术、理念层出不穷，只有具备持续学习的能力，才能跟上时代的步伐，不被淘汰。就像厨师要不断学习新的烹饪技巧、了解新的食材，才能满足顾客日益多样化的需求。只有不断学习新知识、新技能，提高自己的综合素质，才能在职场中始终保持竞争力。所以，别再盲目地埋头苦干了，回归职场的第一性原理，思考如何创造更多价值，这才是在职场中脱颖而出、实现职业发展的关键所在。

择业新视野：回归工作本质，匹配个人特质

在如今竞争激烈的就业市场，许多人在择业时往往陷入迷茫，盲目跟风，或是过度依赖过往经验，却忽略了一个关键要点：回归工作本质，结合自身特质做选择。运用第一性原理来思考择业，能帮人们拨开重重迷雾，找到真正适合自己的职业道路。

先来说说什么是工作的本质。从最基础的层面讲，工作是人们获取收入、维持生活的途径，但这仅仅是表层，深入探究，工作还是人们实现自我价值、施展才华、获得成长的平台。比如一位教师，其工作本质不仅是完成教学任务、获取薪资，更在于培育学生，传递知识，看着学生在自己的教导下不断进步，从而实现自身的价值。

再谈谈个人特质，这可是择业的关键拼图。

每个人都有独特之处，有人擅长和人打交道，有人逻辑思维强，有人创意满满。只有把这些特质和工作匹配，才能如鱼得水。一个性格内向、擅长数据分析的人，要是去做销售，天天和陌生人打交道，大概率不会作出成绩；而如果从事数据分析师的工作，就能充分发挥优势，作出亮眼成绩。性格开朗、善于与人沟通交流的人，可能更适合销售、公关、教育等需要频繁与人打交道的工作；而性格沉稳、逻辑思维强的人，在科研、编程、数据分析等领域或许能发挥更大的优势。可现实中，很多人在择业时根本不考虑自身特质，而是随波逐流，最后发现自己和找到的工作格格不入。

兴趣是重要的参考因素。如果对文字有浓厚的兴趣，热爱写作，那么从事文案策划、记者、编辑等工作，就更有可能在其中找到乐趣，也更有动力去提高自己在这方面的能力；反之，如果从事一份自己毫无兴趣的工作，每天可能都会感到煎熬，工作效率和成果自然也会大打折扣。

能力不可忽视。具备较强数学能力的人，在金融、会计、精算等领域会更得心应手；而动手能力强的人，在机械制造、手工艺制作等行业或许能创造出更大的价值。

现实中，很多人择业时却常常偏离这个原则。有的人盲目追求热门行业，只看到高薪和光鲜的外表，却没考虑自己是否适合，进入行业后才发现困难重重，工作得痛苦不堪；还有的人仅凭过往经验，重复选择类似的工作，却错过了那些能真正发挥自身潜力的机会。

那么，如何运用第一性原理，在择业时回归本质、匹配个人特质呢？下面这些方法赶紧学起来。

1. 给工作“卸妆”，看清价值创造内核

看到招聘信息，别被华丽的包装迷惑，首先要分析这个岗位到底要创造什么价值，是开拓新市场、优化产品性能，还是降低运营成本。只有明确价值点，才能判断自己是否胜任。

2. 列好需求清单，保障基本权益

找工作前，列出自己对工作的基本需求，包括薪资范围、工作时间、通勤距离、职业发展空间等。拿着这份清单筛选工作，不符合基本需求的直接淘汰。

假如希望工作稳定，就别轻易选择刚起步、商业模式还不清晰的创业公司；要是对薪资有明确目标，就要确保当下薪资能满足基本生活需求。

3. 深挖个人特质，找到职业“灵魂伴侣”

花时间了解自己，想想自己的兴趣爱好、擅长领域、性格特点，把个人特质和职业特点一一对照，找到最匹配的那一个。

如果热爱阅读写作，又有较强的文字驾驭能力，文案策划、编辑等岗位可能就很适合；要是喜欢动手操作，对机械原理感兴趣，那机械工程师、维修技师这类工作没准能大显身手。

4. 打破行业滤镜，探索多元可能

别被热门行业的光环迷惑，也别对传统行业有偏见。新兴行业有活力、发展快，但竞争激烈、不确定性高；传统行业虽然看似平淡，却可能有稳定的收入和晋升渠道。多了解不同行业，挖掘那些被忽视的有潜力的职业，也许能发现更适合自己的天地。

5. 向“过来人”取经，少走弯路

找已经在目标行业、目标岗位工作的人多聊聊，听听他们的真实体验。比如想做设计师，和资深设计师交流后，可能会知道这个行业加班频繁、对创意要求极高，要与甲方进行多次沟通。了解这些后，就能更理性地判断这份工作是否适合自己。

择业不是一场冲动的冒险，而是一场基于本质思考、精准匹配的智慧选择。运用第一性原理，拨开择业路上的层层迷雾。当回归工作本质，结合个人特质作出选择时，不仅能在工作中收获成就感和幸福感，也更有可能在职业生涯中获得长远的发展。

职场进阶的第一性原理是不可替代性，而非人脉或资历堆砌

身在职场，很多人都想寻找升职加薪的机会，有人热衷于拓展人脉，有人觉得只要熬够资历，就能平步青云。但实际上，人脉和资历固然重要，却并非职场进阶的核心要素，真正决定能在职场走多远的，是不可替代性。

先说人脉。人脉广确实能带来更多信息和机会。但人脉只是敲门砖，能不能真正把握机会，还得看实力。假如能力不足，就算把项目送到面前，也可能搞砸，不仅浪费这次机会，还会给人留下不好的印象，以后再有项目也不会有机会干了。所以，人脉只是辅助，没有不可替代的能力兜底，人脉再多也只是空中楼阁。

再聊聊资历。工作时间长，经验相对丰富，这是优势，在处理一些常规问题时，凭借过往积累能轻松应对。不过，现在的职场变化太快，新技术、新思维层出不穷，如果只是靠着老资历，抱着旧经验不放手，不学习新东西，很快就会被时代淘汰。

那什么是不可替代性呢？就是在团队或公司里，拥有别人难以企及的能力，缺了这个人，很多关键工作就难以推进。比如，公司的业务数据分析一直做得不温不火，直到来了一位数据分析师，他不仅熟练掌握各种分析工具，还能从复杂的数据里挖掘出别人发现不了的潜在问题和机会，提出有针对性的改进方案，让业绩有了明

显提高。他就成为公司不可或缺的人，升职加薪自然不在话下。

那该怎么修炼自己的不可替代性，在职场一路“狂飙”呢？收好以下这几个实用方法和注意事项。

1. 打造个人独门绝技，成为领域专家

找到自己的专长领域，精耕细作。例如，程序员可以钻研复杂算法，解决别人解决不了的技术难题；销售可以把客户的心理研究透，一举拿下别人谈不下来的单子。这就像武侠小说里的大侠，都有一门看家本领，哪怕是看似普通的岗位，也能作出特色。

2. 保持终身学习状态，做职场“变形金刚”

职场环境日新月异，今天流行的技能，明天可能就过时了。所以，要定期给自己“充电”，让自己始终保持竞争力。

3. 培养“跨界融合”能力，解锁新技能

具备单一技能的人，就像只能打一种怪物的游戏角色，路越走越窄；但如果能把不同领域的知识融合，就能解锁新的职业机会。懂财务又会编程的人，可以开发财务软件；做营销又擅长心理学的人，能精准把握用户需求。如果时间允许的话，多涉猎不同学科的知识，把它们像搭积木一样组合起来，从而创造独特的价值。

4. 解决棘手难题，保持不可替代性

在职场，谁能搞定别人搞不定的事，谁就是“香饽饽”。例如，公司要开拓海外市场，但因存在语言不通、文化差异大等问题，没人敢接受这个工作，这时能主动站出来，做足功课，制定可行方案；项目遇到技术瓶颈，团队一筹莫展，这时能埋头钻研，找到突破口。每次解决棘手问题，都是在给自己的不可替代性“充值”。

5. 拒绝待在职场舒适圈，别当“摸鱼选手”

有人觉得工作稳定，每天按部就班就行，这其实是在慢性“失业”。主动挑战有难度的任务，争取参与核心项目；多和优秀的同事、行业精英交流，发现自己的不足。只有在职场上不断突破自己，才能持续成长。在职场这场“马拉松”比赛里，人脉和资历或许能让我们暂时领先，但不可替代性才是跑到终点的终极秘诀。别再盲目追求表面功夫，修炼自己的硬核实力，让自己成为团队里无可替代的存在，升职加薪、职场逆袭自然水到渠成。

这个世界从不亏待有实力的人

在竞争激烈的职场，一切花哨的包装与空谈都如过眼云烟，唯有打磨核心技能，凭借实打实的硬实力，才能在时代浪潮中站稳脚跟，收获真正的成功与尊重。人一旦选择了某项专业，往往会伴随其整个职场生涯，如果在这个过程中，努力的方向不对，那么努力就等于白费。

实力才是职场“硬通货”，但打磨一个人的核心技能，需要长期的努力和实践，可以从以下几个方面着手。

1. 明确核心技能

——自我评估

对自己的知识、技能、兴趣和优势进行全面评估，列出自己擅长和感兴趣的领域，如沟通能力强、对数据分析有兴趣等。

——结合职业目标

根据自己的职业规划和发展方向，确定与之匹配的核心技能。

如想成为软件工程师，编程和算法设计就是核心技能。

2. 制订学习计划

——设定目标

将核心技能分解为具体的、可衡量的小目标。以学习英语为例，可设定每天背诵 50 个单词、每周完成一篇英语作文的目标。

——安排学习时间

合理安排时间，保证每天有足够的时间用于学习和练习核心技能。比如每天晚上抽出 2~3 个小时进行专门学习。

——不断探索，将不懂的地方搞懂

每个人的能力提高与认知进步，都是由于对事物的好奇，才特意去感知、去认识的。因此，要对自己所从事的工作永葆好奇心，不断地探索，深入地挖掘，将这个过程中自己不懂的地方弄明白。攻克一个又一个难关后，就会发现，自己的专业能力在不知不觉中获得了巨大的提高。

3. 进行学习实践

——理论学习

通过阅读专业书籍、参加培训课程、在线学习等方式，系统地学习核心技能的理论知识。如学习绘画，可购买绘画基础教程，或在网上找专业绘画课程学习。

——实践应用

将所学知识应用到实际工作或生活中，通过项目实践、实习、兼职等方式，积累实践经验。比如学习了编程，就可以尝试自己开发一些小程序。

——多练习，熟能生巧

在工作中，之所以有感到陌生、害怕出错的地方，其实是不够熟练在作祟。那些看似很专业、很厉害的人，也是不断地练习，让自己的技能更加熟练，而这就是提高专业技能的途径之一。

——多向前辈请教、学习

要想让自己的专业能力提高得快，一定要多向前辈学习、请教，将他们会的学过来。以前辈的能力为基础，就等于“站在了巨人的肩膀上”，从而使自己的专业能力更强。但职场中的学习和在学校中的学习还是有很大差别的，前辈也好，同事也好，不会像老师一样，事无巨细地传授知识和经验。因此，要学会见缝插针地去学习，尽可能多地把别人做事的场景变成一个学习的机会。同时，要提高自己的情商和交际能力，让对方心甘情愿地传授知识和经验。

4. 寻求反馈改进

——自我反思

定期对自己的学习和实践过程进行反思，总结经验教训，找出自己的不足。例如，在每次完成项目后，分析自己哪些地方做得好，哪些地方需要改进。

——他人反馈

向老师、导师、同事、客户等寻求反馈，了解他们对自己工作能力或技能水平的评价和建议。根据反馈，有针对性地进行改进和提高。

5. 持续更新提升

——关注行业动态

了解核心技能所在领域的最新发展趋势、技术和方法，及时更新自己的知识和技能体系。比如从事人工智能领域的人，要关注最新的算法和研究成果。

——拓展相关技能

学习与核心技能相关的其他技能，拓宽自己的知识和技能边界，提高综合能力。如摄影师除了提高拍摄技术，还可学习图片后期处理等相关技能。

这个世界从不亏待有实力的人，靠投机取巧无法获得成功。沉下心来，打磨核心技能，因为实力永远是行走世间的硬通货，是开启成功大门的金钥匙。

专注当下任务，把每一件小事都当作展示自我价值的机会。在人生的漫漫长路中，有些人总在眺望远方的宏大目标，却忽略了脚下的每一小步。殊不知，真正的成功并非一蹴而就，而是源自对当下任务的专注，把每一件小事都当作展示自我价值的绝佳契机。

生活的意义不在于遥不可及的幻想，而在于专注当下的每分每秒。把平凡小事做到极致，是对自我价值最有力的诠释。

职场没有卑微的岗位，只有轻视工作的人。专注当下小事，用行动证明自己，每一分努力都将成为晋升的阶梯。

那么，如何集中精力，专注于完成当下的任务呢？

1. 创造专注环境

——整理空间

清理工作或学习区域，保持整洁、有序，减少视觉干扰。如将桌面杂物清理干净，只摆放与当前任务相关的物品。

——减少干扰

关闭手机、电视等可能分散注意力的设备。若周围环境嘈杂，可使用降噪耳机或寻找安静空间。

2. 明确任务目标

——细化目标

将大任务分解为具体、可操作的小步骤，并为每个步骤设定合理的时间节点。如写论文可分为确定主题、收集资料、撰写大纲等小任务，分别安排时间完成。

——突出重点

明确任务关键部分和核心目标，将注意力集中在最重要的内容上。如准备演讲时，把重点放在核心观点和关键数据上。

3. 运用时间管理技巧

——番茄工作法

选择一个待完成任务，将时间设为 25 分钟，专注工作，中途不做其他事，25 分钟后休息 5 分钟，每 4 个时段后可多休息一会儿。

——时间块规划

根据任务重要性和预计时长，在日程中划分出不同时间块，每个时间块专注完成一项任务，形成稳定的工作节奏。

4. 调整心态和状态

——排除杂念

采用冥想、深呼吸等方法，在开始任务前排除内心杂念，让自己平静下来。如深呼吸 5 分钟，将注意力集中在当下。

——保持积极

用积极的心态看待任务，自我激励，避免拖延和消极情绪。如告诉自己："我可以高效完成这项任务，完成后会很有成就感。"

5. 限制多任务处理

——一次一事

不要同时处理多项任务，专注于一项任务直至完成或达到一个重要节点后，再开始下一项。例如不要边写报告边回邮件，先完成报告主体内容，再处理邮件。

——任务排序

按照任务的紧急程度和重要性进行排序，优先处理最重要、最紧急的任务，避免任务堆积导致注意力分散。

人生是由无数个当下组成，忽视眼前小事，再远大的目标也只是空中楼阁。专注手头任务，珍视每一次展示自我的机会，也能在平凡中铸就非凡。

遇到问题，要成为那个最有办法解决的人

身在职场，难题就像游戏里的隐藏关卡，总是冷不丁跳出来考验人。是被难题“打倒”，还是化身问题解决者？这背后的差别，可能就是决定人职业发展的关键因素。

当遇到问题时，逃避或抱怨是最简单的反应。可这么做，问题并不会凭空消失，反而会像滚雪球一样，越变越大。想象一下，负责的项目进度突然滞后，要是只知道抱怨合作方不给力、资源不够用，而不去想办法解决，那最后项目失败了，受影响最大的还是我们自己。

在职场，每个人都有自己的任务和压力，领导和同事可没工夫一直听抱怨，他们更希望看到的是问题如何被解决。真正聪明的职

场人，会主动站出来，成为解决问题的那个人。他们清楚，每一次成功解决问题，都是在积累自己的职场价值。

解决问题的方法很多,那具体怎么才能成为那个“最有办法的人”呢？记住下面这几个超实用的方法和注意事项。

1. 遇事别慌，先做问题“翻译官”

遇到问题，别被慌乱的情绪牵着走，先冷静下来，把问题“翻译”清楚。比如工作中业绩下滑，别只抱怨“业绩不行了”，而是具体分析：是新客户开发太少，还是老客户流失严重；是产品竞争力不足，还是营销策略有问题。把模糊的问题拆解成清晰的小问题，就像把乱麻理成一根根线，解决起来自然更轻松。

2. 搭建灵感素材库，做资源“小雷达”

平时多积累解决问题的素材和资源，如关注行业论坛，收藏实用文章；结交不同领域的朋友，拓宽人脉资源；把自己过往解决问题的经验记录下来。

这就像厨师做菜，食材准备得越丰富，越能作出美味佳肴。当问题来临时，打开“素材库”，说不定就能找到灵感。

3. 学会“借力打力”，不要单打独斗

解决问题不一定要单打独斗，遇到专业难题，向领域内的高手请教；任务量太大，合理分配给团队成员。就像打游戏组队，大家分工合作，效率更高。例如，公司要策划一场大型活动，可以找擅长设计的同事负责海报，让沟通能力强的人联系合作方，自己把控整体进度。懂得借力，能让问题解决得又好又快。

4. 培养逆向思维，换条路“抄近道”

当正面解决问题行不通时，试试逆向思考。比如产品销量不好，常规思路是加大推广，但效果甚微。这时候反过来想：是不是产品本身不符合用户需求？能不能从优化产品功能、调整定价策略入手？就像去一个地方，这条路堵车，换条路说不定能更快到达。打破常规思维，往往能发现新的解决办法。

5. 定期复盘，给大脑“打补丁”

每次解决完问题，花点儿时间复盘：哪些方法用得好？哪里还能改进？下次遇到类似问题，有没有更好的方案？就像游戏通关后总结经验，下次挑战更高难度的关卡就更轻松。通过不断复盘，优化解决问题的思路和方法，解决问题的能力会越来越强。解决问题的能力就是工作能力的体现，这种能力越强，代表工作的能力越强。

生活中的问题就像游戏里的关卡，掌握好方法，遇事不慌、主动出击，就能成为那个最有办法解决问题的人，把人生这场游戏玩得精彩又漂亮！

不做领导眼中不适合培养提拔的员工

在职场，想要获得领导的赏识与提拔，创造价值是关键。但有些员工的行为模式，不适合被培养与提拔。

了解下面这些不被领导青睐的员工类型，能更好地审视自身，避免陷入职业发展的困境。

1. 缺乏自驱力的员工

这类员工就像木偶，领导安排一点儿做一点儿，没有主动探索和承担更多责任的意愿。比如，在一个项目中，明明有很多可以优化和拓展的空间，但他们却只满足于完成最基础的任务，从不会主动去思考如何提高效率、增加收益。

缺乏自驱力，意味着在面对新挑战和新机遇时，很难主动成长，自然难以成为领导眼中能独当一面的得力干将。

2. 爱抱怨、传播负能量的员工

这类员工就像团队里的“情绪黑洞”，总是抱怨工作任务重、待遇差、同事不好相处等。在办公室里，常常能听到他们唉声叹气，对任何事情都持消极态度。这种负面情绪极具传染力，会破坏整个团队积极向上的工作氛围，影响团队的凝聚力。

领导往往希望团队成员能以积极的心态面对问题，共同寻找解决办法，而不是一味抱怨。

3. 频繁跳槽的员工

这类员工给领导的感觉是稳定性极差，难以建立长期的信任关系。每到一个新公司，还没等完全熟悉业务、为公司创造价值，他们就又开始寻找下家。公司不敢对他们投入过多的培养精力，因为担心投入还未得到回报，人就已经离职了。毕竟，公司希望培养的是能长期稳定发展、为公司持续创造价值的员工。

4. 夸夸其谈、光说不练的员工

这类员工在会议上或者领导面前，总能口若悬河，提出各种看似完美的想法和计划，但一到实际执行，就状况百出，无法兑现承诺。时间一长，领导就会对他们失去信任，不会再给予重要的任务和晋升机会，毕竟职场是靠实际成果说话的地方。

5. 不认同公司文化的员工

公司文化是一个企业的灵魂，如果员工从心底不认可公司的价值观与做事风格，那么在工作中就容易与团队产生冲突，无法真正融入集体。领导更倾向于提拔那些与公司文化契合的员工，因为他们能更好地与团队协作，为实现公司目标而努力。

6. 不尊重领导的员工

人际关系的基础之一就是尊重，上下级之间更是如此。一个人之所以能成为领导，必定是他有一些过人之处。

每个公司都有严格的等级制度，这是保证公司有序发展的根本。因此，身在职场，就要尊重职场的“游戏规则”，在日常工作中，当领导交代任务或发出指示时，员工要认真倾听，表现出重视和尊重。

了解这些领导不愿培养提拔的员工类型，就能有则改之，无则加勉，努力成为那个为公司创造价值、受领导赏识的优秀人才，让自己的职业发展之路更加顺畅。

第四章 社交的第一性原理是资源互换，而不是寒暄应酬

在职场与生活中，人们常常陷入无效社交的旋涡，耗费大量时间与精力在无意义的寒暄应酬上，却收效甚微。事实上，社交的本质绝非表面功夫，而是基于资源互换的价值共生。这里的资源，不仅是金钱、人脉，也是知识、能力、情感等多元价值。

只有真正理解这一底层逻辑，才能跳出无效社交的怪圈，以清晰的目标和策略，构建高质量、可持续的社交关系，让每一次社交互动都成为彼此赋能、共同成长的契机。

社交的本质是情感连接与价值互换

在日常生活中，每天都会和形形色色的人打交道。从清晨街边早餐摊热情的老板，到公司里并肩作战的同事，再到夜晚和家人温馨的相聚，社交贯穿了生活的始终。但静下心来想一想，社交到底是什么呢？仅仅是简单的寒暄应酬，还是背后有更深层次的意义？

答案是，社交的第一性原理是资源互换，而情感连接则是其中至关重要的一环。

在和朋友相处时，大家总是相互倾诉、彼此倾听。遇到工作上的难题，心情低落，朋友会耐心地倾听，给予安慰和建议；朋友遇到感情问题，也会哭诉，寻求支持。这种情感上的交流，就是一种价值互换。一方提供了倾听和理解的价值,另一方则回馈信任和依赖。在这个过程中，彼此的情感连接不断加深，友谊也越发深厚。

再看看职场上的社交，同样也是价值互换的体现。同事之间互相分享工作经验和资源，有的擅长文案撰写，帮同事润色报告；有的精通数据分析，为同事的项目提供数据支持。通过这样的互换，工作得以顺利推进，大家也在合作中建立起良好的关系。这种关系不仅有利于工作的开展，还能为个人的职业发展带来更多机会。

情感连接和价值互换是相辅相成的。没有情感连接的价值互换，就像冰冷的交易，缺乏温度和信任；没有价值互换的情感连接，难以长久维持，容易变得空洞和脆弱。只有当两者兼具时，社交才能真正发挥它的作用，为人们带来快乐、成长和帮助。

所以，当和人交往时，不妨多想一想：“我能为对方提供什么价值？对方又能给我带来什么？”在真诚的情感连接基础上，实现互利共赢的价值互换，这样的社交才是有意义、有价值的，才能帮助人们穿透社交的表象，看清其中的真相，建立真正稳固、有益的人际关系。

明白了社交的本质，怎么才能建立优质的社交关系呢？试试下面这几个超实用的方法。

1. 做社交界的“慢炖锅”，小火煨出真感情

别学“快餐式”社交，见一面就称兄道弟，真正的情感连接需要时间沉淀。每周抽出半个小时，给老朋友打个电话，聊聊近况；参加兴趣小组活动时，别急着加一堆好友，应先和一两个人深入交流。就像煲汤，小火慢炖才够味，细水长流的感情才稳固。

2. 打造个人“价值名片”，让别人主动靠近

与其四处求人，不如让自己成为“社交磁铁”，想清楚自己能提供什么价值：擅长摄影，可以帮朋友拍美美的照片；对理财有研究，能分享实用的攒钱技巧。有了独特的价值，自然会吸引同频的人。

3. 拒绝无效社交，把时间留给对的人

有些社交就像无底洞，消耗精力还没收获。与其在饭桌上瞎聊，不如和志同道合的朋友一起学习新技能、参加公益活动，在有意义的互动中深化情感、交换价值。

4. 做社交中的“双向箭头”

良好的社交是你来我往，朋友分享了好用的学习资料，记得也回馈一些自己的学习资料；同事帮助解决了工作难题，下次主动搭

把手。就像打羽毛球，有来有回才能玩得开心。只知道单方面索取，再亲密的关系也会失衡。

5. 学会情绪断舍离，传递正能量

谁都有情绪低落的时候，但千万别把社交场合当情绪垃圾桶。可以抱怨，但不可以没完没了地抱怨；多分享有趣的经历、积极的想法，做个行走的“小太阳”。情绪价值也是“社交货币”，乐观开朗的人，自然更受欢迎。

社交不是一场攀比人脉的竞赛，而是一场真诚相待的双向奔赴。把握情感连接与价值互换的本质，学会筛选、经营，就会发现，优质的社交关系不仅能温暖生活，还能为人生带来更多可能！

人脉的第一性原理是价值，而不是数量

在社交场合中，人们常常陷入一种误区，认为认识的人越多，人脉就越广，自己就越有优势。于是，很多人热衷于参加各种社交活动，忙着交换名片，加微信好友，仿佛这样就能搭建起一张强大的人脉网络。但事实真的如此吗？

斯坦福研究中心曾指出：一个人赚的钱，85% 来自人际关系，仅 15% 来自知识。这里所说的人际关系，并非毫无质量的泛泛之交，而是建立在彼此认可价值基础上的有效人脉。

人脉在现代社会的重要性不言而喻，但人脉的本质并非通信录里记着多少个名字，而是基于价值对等的双向互动。人脉的第一性原理是价值，而不是数量。当自身毫无价值时，即便认识再多的人，

这些关系也不过是镜花水月，看似繁花似锦，实则毫无根基。

想象一下，一个初入职场的新人，专业技能尚未成熟，也没有什么特别的资源可以提供。在一次行业聚会上，他好不容易结识了一位业界精英，交换了联系方式。他满心欢喜，觉得自己搭上了一条“人脉捷径”。可之后呢？那位精英忙碌于自己的事业，根本无暇顾及他。因为从价值交换的角度来看，他无法为那位精英提供任何有价值的东西，那位精英又何必在他身上浪费时间呢？

反之，当一个人自身具备足够的价值时，人脉自然会向其靠拢。比如，他是某个领域的专家，拥有深厚的专业知识和丰富的经验，那么同行会愿意与他交流合作，寻求他的意见和帮助；企业会向他抛出橄榄枝，希望借助他的能力推动业务发展；行业内的各类活动也会向他发出邀请，让他有更多机会结识志同道合的人。这时候，无须刻意去追求人脉的数量，优质的人脉资源自然会被他吸引而来。

再比如，在创业的道路上，创业者自身的价值体现在他的商业理念、创新能力、团队管理能力等方面。如果他的创业项目具有巨大的潜力和独特的价值，那么投资人会主动找上门来，为他提供资金支持；优秀的人才也会愿意加入他的团队，与他共同奋斗；上下游的合作伙伴也会积极寻求合作，希望在这个项目中实现互利共赢。这一切，都是因为创业者自身具备了能够吸引人脉的价值。

所以，与其把时间和精力浪费在无效的寒暄应酬上，盲目追求人脉的数量，不如静下心来，提高自己的价值。通过不断学习，提升专业技能，积累知识储备；培养自己独特的思维方式和解决问题的能力；塑造良好的品格和口碑，让自己成为一个值得信赖、有价值的人。一旦成为这样的人，就会发现，真正有价值的人脉关系会自然而然地形成，而这些人脉，也将成为人生道路上最宝贵的财富，助力实现自己的目标和梦想。

如何在社交中成为一个有价值的人

提高自己在社交中的价值是一个长期的过程，需要从多个方面进行努力。

1. 提高自身能力

——培养专业技能

在自己擅长的领域不断深耕，努力成为专家。例如，程序员可通过学习新的编程语言和算法，提高编程能力，从而在技术交流中能提供有深度的见解和解决方案。

——广泛学习知识

除专业知识外，还应涉猎其他领域，如历史、文化、艺术等，拓宽自己的视野。这样在社交中能与不同背景的人找到共同话题，丰富交流内容。

2. 塑造良好品质

——保持真诚友善

真诚是社交的基石，以真心对待他人，让对方感受到诚意和尊重，人们才更愿意建立长期关系。

——学会倾听理解

在与他人交流时，认真倾听对方的观点和想法，不轻易打断，尝试从对方的角度看问题，给予理解和支持，这会让对方觉得很贴心。

3. 积极提供帮助

——关注他人需求

留意身边人的需求，当发现有人遇到困难或有某种需求时，主动询问并提供力所能及的帮助。比如同事在工作中遇到难题，就可以利用自己的专业知识帮其解决。

——分享资源信息

将自己拥有的资源，如人脉、信息、学习资料等，与他人分享。例如，了解到某个行业研讨会的信息，可将其分享给有需要的朋友，为他们提供学习和交流的机会。

4. 树立个人品牌

——明确个人特点

找到自己独特的优势和特点，如幽默风趣、思维敏捷、擅长组织活动等，并在社交中充分展现，让自己在人群中脱颖而出。

——保持言行一致

承诺的事情一定要做到，树立可靠、值得信赖的形象，这样别人才会更愿意合作，也更愿意向他人推荐。

5. 增强社交能力

——提高沟通技巧

清晰表达自己的想法和观点，避免模糊和歧义，同时注意语言表达的艺术，学会用恰当的语气、措辞与人交流，提高沟通效果。

——培养同理心

设身处地为他人着想，理解他人感受和需求，在他人需要时给予恰当的回应和帮助，增强彼此的信任和亲近感。

6. 积极拓展人脉

——参与社交活动

主动参加行业聚会、公益活动、兴趣小组等，扩大社交圈，结识不同领域的人，增加与人交往的机会，拓展人脉资源。

——维护人际关系

定期与朋友、同事等联系，关心他们的生活和工作，在重要节日或特殊时刻送上祝福。

给别人需要的，才能得到自己想要的

在社交的世界里，有一个质朴却深刻的道理：给别人需要的，才能得到自己想要的。这是社交资源互换本质的生动体现，远比那些浮于表面的寒暄应酬有用得多。

人们在社会中活动，就像置身于一个巨大的资源市场，每个人都怀揣自己的需求和资源。若能敏锐捕捉到他人的需求，并恰如其分地提供帮助，就如同在市场中拿出了抢手的货物，自然能吸引他人拿出资源进行交换。

比如，你在职场上结识了一位同行，通过闲聊得知他最近为一个项目的某个技术难题忙得焦头烂额；而你恰好对这方面有所研究，有着相关的经验和资源。这时，如果你热心地分享自己的见解，提供一些实用的建议，或者把相关资料分享给他，这看似举手之劳的行为，却能在对方心中种下感激的种子。之后，当你遇到问题，比如需要行业内的一些人脉资源、某个项目的参考案例，他很可能也会不遗余力地帮助你。因为在之前的互动中，你满足了他的需求，他也认可了你的价值，这种价值的交换让你们之间建立了稳固的社交联系。

再看生活中，如果朋友搬家，你主动去帮忙搬重物、协调物品。在这个过程中，你提供了体力和时间上的支持，满足了朋友急需帮助的需求。等到你以后有聚会需要帮忙布置场地、筹备食物，朋友也会欣然前来助力。这就是社交中的互惠互利，是资源互换的日常体现。

相反，如果在社交中，你只想着索取，不懂得付出，不关注他人需求，总是一味地寒暄，却从不提供实质性的价值，那结果往往不尽如人意。比如你在社交场合中，只是不停地和别人拉家常，却从不关心对方真正在意的事情；当你遇到困难，想要他人帮忙时，对方很可能会因为觉得你没有给过他们任何帮助，而对你的请求敷衍了事。

所以，在社交中，别把精力都浪费在无意义的寒暄应酬上，多花点心思去了解别人需要什么。给予别人所需，就相当于为自己积累了人脉财富。在未来的日子里，这些付出都会以意想不到的方式回馈到你身上，帮助你达成目标，实现你的需求。

说白了，无论是交朋友、谈合作还是做事业，都得学会换位思考。与其绞尽脑汁想“我能得到什么”,不如先琢磨“对方需要什么”。掌握了这个底层逻辑，人生会顺畅很多！

和优秀的人交往，才能让自己成为更优秀的人

生活中，不难发现这样一个现象：那些整日和狐朋狗友混在一起的人，大多庸庸碌碌，毫无进取之心；而那些与优秀的人同行的人，往往能不断突破自我，取得更大的成就。这背后的原因其实很简单，和优秀的人交往，才能让自己成为更优秀的人。

优秀的人就像一面镜子，能让人清晰地看到自己的不足；当和他们相处时，会发现他们身上有许多值得学习的闪光点。比如，他们对待工作认真负责的态度，面对困难时的坚韧不拔，以及不断学习提升自我的热情。这些闪光点会让人意识到自己在这些方面的欠缺，从而激发自己去改变、去进步。就像一个原本是个做事三分钟热度的人，当看到身边优秀的朋友为了完成一个项目，连续几周加班加点，毫无怨言，就会不自觉地被他的热情和坚持感染，也想要努力去做好自己手头的事情。

优秀的人往往拥有丰富的阅历和广泛的知识，和他们交流，能接触到许多自己从未想过的观点和想法。也许你一直局限在自己的小圈子里，认为生活就该按部就班。但当你和一个经常旅行、见识过不同风土人情的优秀朋友聊天后，会发现世界如此之大，生活还有无数种可能。他会给你讲述在异国他乡的奇妙经历，分享不同文化的碰撞与融合，这些都会让你对生活有新的认识，也会激发你去

探索未知的欲望。

此外，和优秀的人交往，还能获得更多的机会。优秀的人所处的圈子往往也聚集着同样优秀的人，在这个圈子里，信息流通更加迅速，资源也更加丰富。当有好的项目或者发展机会出现时，他们会第一时间想到身边同样优秀的人。

古语有云："近朱者赤，近墨者黑。"在现实生活中，和谁在一起的确很重要，这甚至能改变人的成长轨迹，决定人生成败。因为和什么样的人在一起，就会有什么样的人生。所以，想要成为更优秀的人，就要选择跟优秀的人在一起，学习他们身上的优秀品质，弥补自己的不足。

那么，哪些人值得去倾心结交呢？

1. 多接触上进的人，也会变得上进

北雁南飞时，从来都是成群结队，因为依靠雁群的力量，可以减轻年幼和年长的大雁长途飞行的压力。同样的道理，一个人可以走得很快，但一群人才能走得更远。当身边都是追求上进的人时，就会觉得懒惰的自己与他们格格不入，会觉得自己成为拖后腿的那个人，这种羞耻心会激励自己跟上他人的脚步。因此，想让自己变得优秀，就要多接触上进心强的人。

2. 多接触乐观的人，生活会更美好

积极乐观的人就像太阳，走到哪里，就会将光明和温暖带到哪里；相反，消极悲观的人就像没有星星的夜空，会让人感到无尽的黑暗。因此，想要获得更加幸福快乐的人生，就要多接触积极乐观的人。不要被他人的坏情绪影响，让自己的生活变得一团糟。

3. 多接触懂得欣赏的人，从赞美中获取力量

欣赏和赞美就像一道光，可以照亮自卑的心灵；相反，否定和打击会渐渐摧毁自信的心灵。因此，想要获得源源不断的力量，让自己变得越来越好，就要多接触那些懂得欣赏和赞美的人。经常听到别人的肯定和赞美，能让人心情愉悦，增强自信心，成为一个人变得更优秀的源源不断的力量。

想要和优秀的人交往，首先要让自己变得积极向上，不断提高自己的能力和素养。因为只有自己足够优秀,才能吸引优秀的人靠近。同时，要保持谦虚的态度，主动向他们学习，不要害怕暴露自己的不足。记住，与优秀的人同行，是一个人提升自我最快捷、最有效的方式，它能让人在成长的道路上少走弯路，更快地实现自己的人生目标。

生命中的“贵人”能“点亮”你的人生

其实，所谓生命中的“贵人”，是指那些能够在你的人生道路上给予关键帮助、产生深远积极影响的人。真正的“贵人”，往往是那些能“点亮”你的人生的人。

第一种是灯塔型“贵人”。他们像黑夜里的灯塔，在你迷茫时指明方向。比如刚毕业不知道选什么职业，有位资深职场人耐心分析你的优势，结合行业趋势给出建议；创业遇到瓶颈，前辈用自己的失败经验帮你避坑。他们不一定和你有深厚的交情，但一句话就能点醒梦中人。

第二种是助推器型“贵人”。这类人会实实在在地帮你渡过难关。当你想转行却没有经验,朋友主动介绍内推机会;做项目缺资源,合作伙伴二话不说伸出援手。他们愿意在关键时刻拉你一把，把你的事当成自己的事。

第三种是镜子型“贵人”。他们像一面镜子，照出你的不足。也许是直言不讳指出你性格短板的朋友，或是严厉批评你的方案中的漏洞的领导。这些话可能不那么好听，却能让你看清自己，快速成长。

“贵人”的出现并非全靠运气，而是有迹可循。他们可能会以不同的身份和方式出现，但一定要具有以下特点和作用。

1. 给予指导和启发

——充当人生导师

这类人凭借自身丰富的经验和智慧，为你在迷茫时指引方向。比如在职业选择上，一位职场前辈根据自己多年的从业经历，为你分析不同行业的发展前景，帮助你作出更适合自己的职业规划。

——激发内在潜力

这类人能发现你自己都未曾察觉的潜力，通过鼓励和引导，让你突破自我设限。就像一位教练激励原本缺乏自信的运动员，使其发挥出超常水平，在比赛中取得优异成绩。

2. 提供实际帮助

——助力事业发展

这类人可能为你提供关键的工作机会、业务合作或推荐人脉资源。例如，将你推荐给知名企业的负责人，让你获得了一份梦寐以求的工作，从而开启了事业的新篇章。

——解决生活难题

在生活中遇到困难时，如经济危机、家庭变故等，这类人会伸出援手，给予你经济支持、情感安慰或实际的解决方案，帮助你渡过难关。

3. 影响价值观和思维方式

——传递正能量

这类人拥有积极向上的人生态度和价值观，通过言传身教，激励你以更乐观、坚韧的心态面对生活。如身边有位总是充满正能量的朋友，在他的影响下，你也会变得更加积极，遇到挫折时能更快地调整心态。

——拓展思维视野

这类人往往具有独特的思维方式和广阔的视野，能引导你从不同角度看待问题，打破常规思维，让你的认知水平得到提高。比如与一位见多识广的学者交流，他的观点和见解能让你对世界有更深刻的认识。

掌握背后的规律，你不仅能精准识别“贵人”，还能主动吸引他们来到你的身边。

如何找到自己生命中的“贵人”

生命中的“贵人”，不是随机掉落的幸运彩蛋，而是你用努力和智慧为自己赢得的“人生装备”。修炼自己、主动寻找、真诚交往，你会发现，“贵人”就在身边，他们的出现，能让你的人生之路越走越顺，越走越宽！

那么，到底如何才能找到生命中的“贵人”并维护好与对方的关系呢？记住下面这几个实用方法和注意事项。

1. 修炼自己，成为“贵人”吸引者

“贵人”不会无缘无故靠近你，就像磁铁只吸引铁，要先打磨自己的能力和人品，让自己变得有价值。在职场中把专业技能练到精通，生活里保持真诚靠谱，当你足够优秀时，“贵人”自然会被你吸引。

2. 扩大社交圈，撒开“贵人”搜索网

整天待在家里，“贵人”也找不到你，因此，要多参加行业论坛、兴趣社群，甚至是社区活动。可以去读书会，可能遇到志同道合的前辈，参加志愿者活动能结识热心的伙伴。就像钓鱼要去有鱼的池塘，想遇“贵人”，得先去他们常出现的地方“蹲守”。

3. 有来有往，建立长久关系

不能总想着从别人那里索取。和人交往时，先想想自己能提供什么。如果朋友是设计师，你可以帮他对接客户资源；同事擅长数据分析，你可以给他分享行业报告。哪怕是情绪价值也行，当对方遇到烦心事，你可耐心倾听，出谋划策。有来有往，关系才能长久，“贵人”也更愿意帮你。

4. 保持真诚

“贵人”见多识广，最讨厌虚情假意。别为了接近“贵人”，刻意讨好、满嘴奉承，真诚表达欣赏，坦率说出需求，反而更容易赢得信任。就像交朋友，真诚的人永远受欢迎。和“贵人”相处时，可以把姿态放低但不卑微，大大方方展现真实的自己。

5. 学会感恩，别把帮助当作理所当然

别人帮了你，除了口头道谢，逢年过节发个暖心祝福，有合适机会主动回馈，都是简单的感谢方法。朋友帮你介绍工作，入职后请他吃个饭表示感谢；前辈指导了你，你把学习成果的喜悦分享给他。做懂得感恩的人，“贵人”更愿意提供持续的帮助，甚至介绍新的“贵人”给你。

找到生命中的“贵人”并非偶然，而是一个需要不断提升自己、主动行动、懂得付出的过程。当你做好这些，你会发现，“贵人”其实就在你的身边。

怎样进行积极而有效的社交

在了解社交的本质是资源互换后，关键就在于掌握积极有效的社交方法，在社交中收获真正有价值的关系。

1. 明确社交目标是有效社交的第一步

在参加社交活动前，先问问自己：“我希望从这次社交中得到什么？”目标可以很具体，比如结识一位行业内的前辈，获取新的工作机会；也可以更宽泛，像拓展人脉圈子，锻炼自己的社交能力等。

只有目标清晰，才能有的放矢，避免无效社交。

2. 真诚是社交的基石

没有人喜欢和虚伪、精于算计的人打交道，在与他人交往时，要真诚地表达自己的想法和感受，不要刻意伪装。

当朋友分享生活中的喜怒哀乐时，用心倾听并给予真诚的回应，才能赢得朋友的信任和好感。比如朋友讲述工作中的烦恼，不要敷衍了事，而是设身处地地为他分析，给出真诚的建议，你们的关系会因此更加亲密。

3. 沟通技巧至关重要

学会倾听，是有效沟通的前提。认真倾听对方说话，用眼神交流、点头等方式给予回应，让对方感受到被尊重。不要急于表达自己，先理解对方的观点和需求，再发表自己的看法；同时，表达自己时要清晰、有条理，避免含混不清或词不达意。比如在讨论工作项目时，清晰地阐述自己的想法和计划，同时认真倾听同事的意见，这样既能提高工作效率，也有助于建立良好的合作关系。

积极寻找共同话题，能让交流更加顺畅和愉快。可以从对方的兴趣爱好、工作、生活经历等方面入手，找到彼此的共同点。如果对方喜欢旅行，就分享自己的旅行经历和见闻，互相交流旅行中的趣事和收获，这样很容易拉近彼此的距离。

另外，在交流时要注意语言的运用，尽量避免过于生硬或冒犯性的言辞，保持轻松、友好的氛围。

4. 积极维护人际关系

社交不是一锤子买卖，而是一个长期的过程。要重视人际关系的维护，定期与朋友、同事联系，关心他们的生活和工作情况。节假日发个问候短信，生日时送上祝福，在对方需要帮助时伸出援手，这些小小的举动，能让关系更加稳固和深厚。比如，朋友在工作上遇到困难时，你可以分享自己的经验，或者帮忙介绍相关的人脉资源，雪中送炭远比锦上添花更能打动人心。

5. 保持良好心态

在社交场合中，要保持积极的心态和良好的形象。自信、热情、友善的态度会让人更具吸引力，更容易被他人接受。不要因为害怕失败或被拒绝而退缩，勇敢地迈出第一步，主动与他人交流。即使遇到挫折，也不要气馁，把每一次社交都当作一次学习和成长的机会。

积极有效的社交需要明确目标、付出真诚、掌握沟通技巧、维护人际关系并保持良好心态。以正确的方式进行社交，才能实现资源互换，让社交为人生的发展助力。

第五章 创业的第一性原理是满足需求，而非跟风模仿

在创业的浪潮中，无数人被风口裹挟，盲目跟风追逐热点项目，却往往在浪潮退去后黯然退场。创业的本质，不是复制他人的成功路径，也不是追逐表面的流量与热度，而是回归第一性原理——发现并满足真实存在的需求。真实的需求如同深埋地下的水源，只有精准挖掘，才能滋养出可持续发展的商业之树。那些忽视用户需求、沉迷于模仿的创业者，就像在沙漠中堆砌沙堡，看似结实却不堪一击。

本章将深入探讨如何穿透市场迷雾，把握市场真实需求，让创业回归本质，找到真正的发展根基。

利用第一性原理，掌握创业的破局思维

在创业这场充满挑战的冒险里，很多人喜欢盯着热门赛道跟风，看别人开奶茶店赚钱也就跟着开，发现直播带货火了又急忙搭建直播平台。但这样的模仿往往只能热闹一时，就像跟着别人的脚印走路，永远看不到新的风景。想要真正破局，就得学会运用第一性原理，像剥洋葱一样，一层层剥开商业世界的表象，找到最核心的真实需求。

第一性原理的关键，是抛开别人的经验和现成模式，从最基础的事实和逻辑出发思考。比如，外卖行业发展之前，人们的核心需求其实一直是“用更便捷的方式吃到想吃的东西”，创业者正是从这个需求原点出发，不局限于传统方式，想到利用互联网和大数据搭建平台，让餐厅、骑手、用户高效连接，这就是从需求本质创造新商业模式的破局思维。

用第一性原理创业，要敢于质疑“约定俗成”。大家都说线下实体店必须开在人流量大的商圈，成本高，竞争也激烈，但有人就思考：客户真的只是需要一个店铺吗？其实客户需要的是便捷地买到好产品。于是，社区团购、移动餐车等新形态出现了，它们绕过传统开店模式，直接把货送到客户家门口，用更低成本满足了客户的需求。

破局思维还需要像侦探一样，敏锐捕捉那些未被满足的“隐性需求”。比如，宠物市场不缺猫粮狗粮，但很少有人关注到宠物主

人没时间遛狗的问题。有人从这个需求出发，创办宠物代遛、代训服务，开辟出细分赛道。这就告诉人们，创业不是去抢别人碗里的饭，而是找到没人发现的新餐厅。

当然，运用第一性原理并不意味着闭门造车。可以观察市场，但不是模仿别人的产品，而是分析背后满足的需求是否有优化空间。

在创业路上，跟风模仿就像抄作业，可能暂时会拿到不错的分数，但永远猜不到出题人的心思。而用第一性原理思考，就像自己掌握了解题公式，无论题目怎么变都能从容应对。

真正的创业者，要学会拨开市场的迷雾，抓住需求的本质，用破局思维开辟出属于自己的商业道路，这才是创业能走得长远的关键。那么，创业者具体该怎么运用第一性原理，掌握破局思维呢？下面这几个方法，简单又好用。

1. 深挖需求，找到创业的刚需密码

创业不是凭空想象，而是要解决实际问题。用第一性原理思考，就要抛开“大家都这么做”的惯性思维，深入挖掘客户真正的需求。创业前要多问问自己：客户最头疼的问题是什么？我的产品或服务能从根本上解决它吗？

2. 拆解成本，找到高性价比的解决办法

成本是创业绕不开的难题。很多人想降低成本，第一反应就是砍预算、压供应商价格，但这只是表面功夫。应运用第一性原理，把成本结构彻底拆解。

拿开餐厅来说，成本包括房租、食材、人力、营销等。深入分析会发现，房租占了大部分成本，那能不能换个思路，像一些餐厅一样做外卖厨房，减少堂食面积，降低房租成本？在食材采购上，

直接对接源头供应商，省去中间环节？通过这种方式从根本上优化成本结构，既能保证品质，又能让产品更具价格竞争力。

3. 聚焦核心，别被“花里胡哨”带偏

创业过程中，各种诱惑和干扰太多，今天流行这个营销模式，明天那个新功能很火。但真正成功的创业者，懂得用第一性原理聚焦核心。比如微信，最初就聚焦在即时通信这个核心功能上，解决人们高效沟通的需求，没有盲目跟风添加各种复杂功能，等到核心功能做到极致，用户基础稳固了，再逐步拓展朋友圈、小程序等功能。

创业时要时刻提醒自己：产品的核心价值是什么？每一个决策、每一项投入，是否围绕核心价值展开？

4. 创新模式，开辟创业新航道

传统的商业模式竞争激烈，想要破局，就得创新，从第一性原理出发，重新审视行业的底层逻辑。创业就是要敢于打破常规，用第一性原理找到行业痛点背后的新机会，创造出独特的商业模式。

5. 搭建团队，汇聚“破局智囊团”

创业不是一个人的战斗，团队至关重要。用第一性原理搭建团队，要明确团队存在的根本目的：为了实现创业目标，解决各种问题。所以，招人时不能只看经验和学历，更要关注对方解决问题的能力、思维方式是否和创业项目契合；同时，营造开放包容的团队氛围，鼓励成员从第一性原理出发思考问题，为创业项目出谋划策。

创业就像一场充满挑战的冒险，掌握第一性原理这个“秘密武器”，学会从本质出发思考问题，就能在复杂多变的商业环境中，找到破局的关键，让创业之路走得更稳更远！

商业成功的第一性原理是长期价值

在创业的浪潮里，许多人看到某个项目在短时间内获得大量流量，吸引了巨额资本，便不假思索地跟风而上，以为找到了成功的捷径。可事实真的如此吗?

其实，真正能在商业世界站稳脚跟、持续成功的，靠的不是这些花哨的短期手段，而是回归第一性原理——创造长期价值。

先来说说短期流量。短期流量就像是一阵狂风，能在瞬间把项目吹到高处，让它看起来无比火爆。比如一些产品，靠着营销和热点，短时间内销量猛增，订单如雪片般飞来，可这阵风来得快去得也快，风一停，产品很可能就无人问津了。因为仅仅依靠流量，而没有过硬的产品质量和独特价值，就如同建在沙滩上的沙堡，海浪一来就会被冲垮。消费者也许会因为新奇或宣传而尝试一次，但如果体验不佳，就绝不会有第二次购买，更不会成为忠实用户，进而帮产品宣传口碑。

那些着眼于长期价值的企业，或许在初期发展缓慢，没有一夜爆红的流量，但它们一步一个脚印，在为客户创造价值的道路上坚定前行。比如一家手工艺品店，店主用心设计每一件作品，选用最好的材料，耐心打磨工艺。也许一开始他的顾客不多，销量有限，但随着时间推移，因为产品独特、品质优良，逐渐积累起口碑，吸引越来越多真正欣赏这些产品的顾客。这些顾客不仅自己会持续购买，还会向亲朋好友推荐，店铺的生意也就越来越红火。

从更宏观的角度看，为社会创造长期价值的企业，才能赢得社会的认可和尊重，获得长久的发展。像一些科技企业，致力于研发新技术，解决社会难题，推动行业进步。虽然它们的研发周期长，投入巨大，可能短期内看不到明显的收益，但一旦成功，就能改变人们的生活方式，创造巨大的经济和社会价值。这样的企业，即使在发展过程中遇到困难，也更容易得到社会、投资者和大众的支持。

所以，创业者在创业的道路上，一定要保持清醒的头脑，不要被短期流量迷惑。回归商业的本质，从用户需求出发，踏踏实实地创造长期价值，企业才能在激烈的市场竞争中站稳脚跟。

那么，企业或创业者该如何遵循商业成功的第一性原理，创造长期价值呢？下面这几个方法和注意事项可供参考。

1. 锁定长期目标，别被短期利益诱惑

创业或经营企业前，先想清楚 5 年、10 年后想要达成什么目标，应以打造一个有口皆碑、持续为消费者创造独特价值的品牌为主，在决策时要抵得住短期利益诱惑。比如，推出一款新产品，不能只看当下销量，还要考虑它对品牌形象、用户忠诚度的长期影响。要是为了短期销量降低品质标准，可能一时赚钱了，但从长远看，会损害品牌声誉，得不偿失。

2. 打磨产品与服务，把基本功练扎实

长期价值的核心，是为客户提供真正有价值的产品或服务。不管是科技公司研发新技术，还是传统餐饮提升菜品口味，都得把精力放在不断优化产品上。千万别总想着靠营销包装掩盖产品不足，时间长了，产品行不行，消费者一目了然。

3. 经营客户关系，让客户成为“回头客 + 推销员”

获取新客户成本高，维护老客户并让他们成为忠实拥趸，才是创造长期价值的关键。企业要注重客户体验，从售前咨询到售后服务，每个环节都做到最好。电商平台可以通过个性化推荐、快速物流、贴心售后，提高客户满意度；实体店则可以提供舒适购物环境与专业导购服务。当客户感受到被重视，体验良好，不仅自己会反复购买，还会自发为品牌宣传，带来更多新客户。

4. 持续创新，为长期价值续航

市场在变，客户需求也在变，企业想保持长期价值，就得持续创新。创新不只是推出全新产品，还包括优化商业模式、运营流程等。比如，传统零售企业可以引入线上线下融合模式，拓展销售渠道；制造企业采用新技术提高生产效率。企业要建立鼓励创新的文化，投入资源用于研发、探索新领域，才能在长期竞争中保持领先。

5. 坚守商业道德与社会责任，为品牌加分

商业道德和社会责任对长期价值影响巨大。企业诚信经营，不搞欺诈、不虚假宣传，才能赢得客户信任。积极履行社会责任，如参与环保行动、助力公益事业，能提高品牌形象，吸引更多认同企业价值观的客户和合作伙伴。一个有社会责任感的企业，更容易获得长期发展的机会。

企业坚持遵循第一性原理，稳扎稳打，才能在漫长的商业征途上行稳致远，收获真正的成功。

资源的第一性原理是整合，而不是堆砌

在创业的道路上，资源的获取与运用至关重要。很多创业者容易陷入一个误区，觉得拥有的资源越多越好，于是拼命堆砌各种资源，将人员、资金、设备、技术一股脑地往项目里塞。但实际上，资源的第一性原理是整合，而非简单的堆砌。

想象一下，要建造一座房子，如果只是把一堆砖头、木材、水泥杂乱无章地堆放在空地上，那它们永远只是零散的材料，无法变成遮风挡雨的住所。只有当按照一定的设计规划，将这些材料进行合理整合，让砖头一块块垒砌成墙壁，木材搭建起框架，水泥填补缝隙，它们才能共同发挥作用，成为一座坚固的房子。

资源整合考验的是创业者的眼光和能力，要能看到各种资源之间潜在的联系和协同效应，打破资源之间的壁垒，让它们相互促进、相互支撑，形成一个有机的整体。这样，有限的资源才能发挥出无限的价值，为创业成功奠定坚实基础，而不是被杂乱无章的资源拖垮。

想要把资源用出最佳效果，记住下面这几个实用方法。

1. 整合资源，打破壁垒

整合资源的核心，是发现不同资源之间的相互作用。例如，如果你是健身教练，认识卖运动装备的商家，又有学员想团购优惠，完全可以撮合双方合作。再比如，美食博主和餐具厂家合作，用精

美的餐具给视频加分，同时帮厂家卖货，实现双赢。多留意身边资源的互补性，打破资源壁垒，获得更多的成功机会。

2. 给资源“升级迭代”，盘活存量

闲置的资源就像落灰的旧家具，改造一下可能变成抢手货。定期复盘手头资源，想想能不能换个方式“激活”它们。

3. 建立“资源朋友圈”

一个人的资源再丰富，也比不上一群人的资源网络，因此，可以加入行业社群、参加线下交流会，和同行、上下游伙伴交换资源。就像打游戏组队，大家各显神通，才能更快通关。

资源就像拼图，单独的碎片价值有限，只有找到正确的拼法，才能组成完整的画面。学会整合资源，比盲目堆砌更能让人在人生赛道上跑得又快又稳，用最少的投入撬动最大的可能！

机会的第一性原理是洞察，而不是运气

运气是概率游戏，而洞察是系统工程。运气就像抽奖，可能偶尔中奖，但无法保证每次都赢；洞察却像搭建捕鱼网，通过观察水流方向、研究鱼群习性，找到最合适的下网时机和位置。

培养洞察能力，其实有迹可循。记住，机会永远青睐有准备的人。与其在社交媒体上刷着别人的幸运故事焦虑，不如把注意力放回现实，学会观察、分析、验证。当真正掌握洞察的能力时，就会发现：那些所谓的“运气”，不过是有备而来的必然。

普通人该如何培养这种洞察力，抓住属于自己的机会呢？以下为几个超实用的方法。

1. 留意生活中的细节，培养敏锐的观察力

机会常常隐藏在生活的细枝末节里，就像藏在草丛中的宝石，等待有心人发现。平时多留意身边人的需求或抱怨、公司业务流程中的问题，或者社会热点事件背后的潜在影响，每天花点时间观察思考，久而久之，就能从平凡中发现不平凡的机会。比如，发现小区居民总抱怨取快递不方便，那或许做个社区快递代收点就是个商机；看到同事在项目协作中因沟通不顺畅效率低下，开发一款便捷的团队协作软件说不定就有市场。

2. 搭建知识“立交桥”，拓宽视野看机会

如果只盯着自己熟悉的领域，就像坐在井底看天，能看到的机会有限。要多去学习不同领域的知识，可以参加跨界讲座、阅读各类书籍，让自己的知识体系四通八达。比如，做机械制造工作的可以了解一些人工智能知识，说不定就能将人工智能技术应用到生产流程优化上；做美食博主的要是懂点市场营销，就能更好地推广自己的内容，吸引更多粉丝。不同领域的知识相互碰撞，有助于发现别人看不到的机会“新大陆”。

3. 与时代同频，紧跟趋势找机会

时代浪潮滚滚向前，每一波新趋势都裹挟着无数机会，要多关注科技发展、政策变化、消费潮流转变等大方向。现在全球都大力倡导环保，因此，新能源、垃圾分类处理、环保材料研发等领域就涌现出大量创业和就业机会；随着人们生活水平提高，对健康、个性化服务需求增加，健身私教、定制旅游、心理咨询等行业迎来了发展黄金期。

定期关注行业资讯、政策解读，让自己的思维跟上时代步伐，才能在趋势中精准定位机会。

4. 学会深度思考，别被表象迷惑

在看到一个热门现象时，别只停留在看表面热闹，要多问几个为什么。

以共享经济为例，有洞察力的人会思考：共享经济背后的商业逻辑是什么？用户真正的需求是“共享”本身，还是解决出行“最后一公里”的便捷性？如果是后者，除了单车，还有哪些出行场景可以挖掘？

通过深度思考，才能穿透现象迷雾，找到真正有价值、可持续的机会，而不是盲目跟风，掉进伪机会的陷阱。

5. 打造“人脉雷达”，从交流中捕捉机会

一个人的视野再广也有限，所以应多和不同行业、不同背景的人交流，才可以打开多扇观察世界的窗户。可以多参加行业聚会、加入兴趣社群，和大家分享想法、交换信息。也许在和朋友闲聊中，就能得知某个公司正在寻找特定项目的合作伙伴；或在行业论坛上，听专家对未来趋势的分析，触发自己的灵感。人脉不仅是社交资源，更是机会的探测器，用心经营，机会自然会找上门。

别再把成功寄托于虚无缥缈的运气，掌握洞察机会的能力，才能成为那个在时代浪潮中乘风破浪、抓住机会成就自我的人！

记住，机会只偏爱有准备、有洞察力的人。从现在开始，修炼洞察力，未来的机会大门就会敞开。

竞争的第一性原理是差异，而不是模仿

竞争的第一性原理是差异，而不是模仿。模仿就像是戴着别人的眼镜看世界，即便能看到一些东西，却永远无法发现属于自己的

独特风景。一味地模仿他人，就会陷入同质化的泥沼。消费者面对众多相似的产品或服务，很难对某一种产生深刻的印象，更别说产生忠诚度了；而且，模仿往往只能学到表面，无法触及成功背后的核心要素。每个成功的品牌都有其独特的发展路径、企业文化和目标客户群体，这些是无法简单复制的。

在竞争这场没有硝烟的战争中，不要试图成为别人的影子，要努力成为独一无二的自己。只有找到并打造属于自己的差异，才能在激烈的竞争中突出重围，赢得属于自己的一片天地。记住，真正的竞争优势，源于与众不同。

那么，如何打造属于自己的差异化优势呢？

1. 做个“需求侦探”，挖掘小众需求

别总盯着大家都在抢的“热门需求”，要深入市场，去寻找那些还未被满足的小众需求。平时多观察身边人的烦恼与问题，去小众社群、论坛逛逛，说不定就能找到独特的商机或工作突破点。

2. 给产品或服务“加佐料”，打造独特卖点

如果自己的产品或服务和别人差不多，那就想办法给它加点独特的“佐料”。例如，卖服装的可以推出个性化定制服务，让顾客自己选择面料、图案、款式，制作独一无二的衣服；做线上课程的老师，可以在课程中加入一对一辅导、专属学习社群等增值服务，区别于其他同类课程。哪怕只是一个小小的创新点，都可能成为吸引客户、战胜竞争对手的关键。

3. 塑造个人形象或品牌，让人过目不忘

不管是个人在职场，还是品牌在市场，有个鲜明的形象设定很重要。

职场中，有的人以高效解决问题著称，只要有棘手任务，大家第一个就想到他；有的人擅长跨部门沟通协调，是团队里的沟通专家。

品牌也是如此，找到自己或品牌的独特之处，放大它，让别人一下子就能记住。

4. 跨界取经找灵感

有时候，跳出自己所在的行业，从其他领域借鉴经验，也能创造出意想不到的差异。比如，教育行业引入游戏化教学理念，把课程设计成闯关游戏，让学习变得更有趣，提高了学生的学习积极性。多关注不同行业的创新动态，把好的思路嫁接到自己的领域，说不定就能开启差异化竞争的大门。

5. 持续创新，让差异“保鲜”

今天的差异化优势，明天可能就被别人模仿了，所以，要保持持续创新的能力，不断优化产品、服务或个人技能。互联网行业的产品更新换代速度极快，一个 App 如果持续推出新功能、优化用户体验，就不会被用户抛弃。个人也要不断学习新知识、新技能，提高自己的竞争力。

基于第一性原理，创业者应该重点关注哪些问题

在创业的征程中，找准方向远比盲目努力更重要。创业者若要遵循创业的第一性原理——需求真实，就需要时刻关注几个关键问题，以确保自己走在正确的道路上。

1. 客户需求是否真实且强烈

创业者要不断问自己："我解决的是客户真正的需求吗？这个需求是普遍存在，还是只是自己的一厢情愿？"如果只是凭空想象出一个小众且并非刚需的需求，比如为特定小众兴趣群体打造昂贵又不实用的周边产品，可能就难以获得广泛的市场支持。

2. 产品或服务是否能满足需求

明确客户需求后，就要考量产品或服务能否切实满足客户需求，产品的功能、质量、体验等各个方面都要与客户需求相匹配。

创业者要不断打磨产品，收集客户反馈，持续优化，让产品成为满足客户需求的有力工具。

3. 商业模式是否可行

商业模式决定了企业如何盈利和可持续发展。创业者要思考："我靠什么赚钱？成本结构是怎样的？收入来源是否稳定且可增长？"同时，还要考虑市场竞争情况，如果市场上已经存在成熟的竞争对手，那么就要考虑自己的商业模式是否有差异化优势。如果只是照搬别人的模式，没有独特之处，那么，在竞争激烈的市场中很难脱颖而出。

4. 团队是否合适且有凝聚力

创业不是一个人的战斗，团队至关重要。要关注团队成员的专业技能是否与创业项目匹配，比如技术型创业需要有强大的技术研发人员，营销型创业需要擅长市场推广的人才。

同时，团队的价值观是否一致也很关键，只有大家心往一处想、劲往一处使，才能克服创业过程中的重重困难。一个充满内耗、成员目标不一致的团队，很难在创业道路上走得长远。

5. 资金能否支撑企业发展

资金是企业的血液，创业者要清楚自己的启动资金有多少，资金的使用计划是怎样的，预计何时能实现收支平衡，何时能盈利。

在创业初期，要合理控制成本，避免不必要的开支。如果资金链断裂，即便产品再好，客户需求再真实，企业也可能面临倒闭的风险。很多创业公司就是因为前期盲目扩张，资金储备不足，在市场波动时无法支撑下去。

创业是一场充满挑战的冒险，关注以上这些关键问题，以客户需求真实为核心，不盲目跟风模仿，才能在复杂多变的商业环境中找到属于自己的成功之路。

第六章 财富管理的第一性原理是认知变现，而非投机

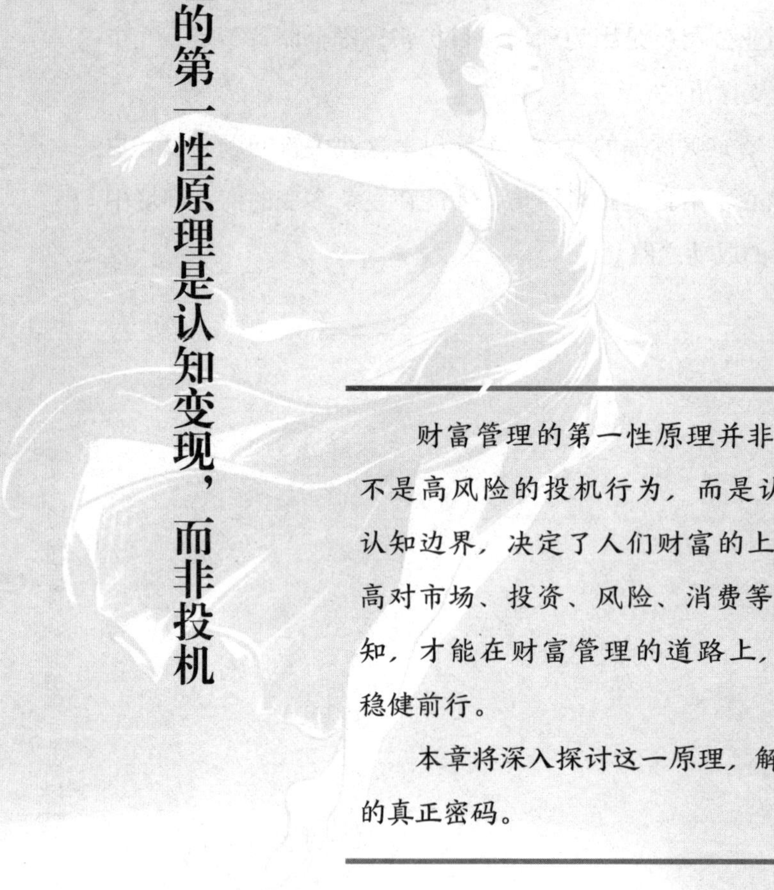

财富管理的第一性原理并非看运气，也不是高风险的投机行为，而是认知的变现。认知边界，决定了人们财富的上限。只有提高对市场、投资、风险、消费等多方面的认知，才能在财富管理的道路上，拨开迷雾，稳健前行。

本章将深入探讨这一原理，解锁财富增长的真正密码。

认知创造价值

你是不是常常有这样的疑惑：同样是在这个时代打拼，为什么有人能抓住机会赚钱，而自己却总是与财富擦肩而过？其实，这里面藏着一个关键的真相——认知创造价值，人很难赚到认知之外的钱。认知就好比是大脑里的一张财富地图，这张地图的大小、精准度，决定了人能发现多少赚钱的路径。

举个简单的例子。互联网电商刚兴起的时候，有的人一眼就看到了其中巨大的商机，他们凭借对新事物的敏锐认知，果断投身电商行业，最终收获了丰厚的回报。但还有很多人，守着传统的实体生意模式，觉得电商看不见摸不着，不靠谱，对这些新的赚钱机会视而不见。

这就是认知差异带来的结果。那些认知局限在传统商业模式里的人，根本无法理解电商的运作逻辑，自然也就错过了电商发展带来的财富浪潮，即便财富机会摆在眼前，他们也像看天书一样，完全看不懂。

再看看投资领域，股票、基金、债券……各种投资产品让人眼花缭乱。有的人对金融知识一知半解，看到别人炒股赚了钱，就盲目跟风入场。运气好的时候，他们可能确实赚了点小钱，但这纯粹是靠运气，并非源于对投资市场的深刻认知，一旦市场行情发生变化，他们根本不知道该如何应对，结果往往是把之前赚的钱又全部赔了回去，甚至还倒贴不少。而那些真正在投资领域有所建树的人，都会花大量时间学习金融知识，研究市场趋势，了解不同投资产品的风险与收益特征。他们有能力找准时机买入卖出，这背后靠的就是他强大的认知能力。

没有相应的认知，即便偶然赚到了钱，也只是短暂的，就像握在手里的沙子，风一吹就散了。因为没有认知作为支撑，根本无法长期持有或驾驭这些财富。

认知的边界，还会像一堵无形的墙，限制人们的行动和选择。很多人在面对新的赚钱机会时，第一反应就是“我不行”“这太难了”“风险太大了”。这种想法并非源于不敢冒风险或能力不足，而是认知的局限。

就拿现在热门的自媒体行业来说，不少人觉得自己既不会拍摄，又不会剪辑，也不擅长表达，肯定做不了自媒体。但其实，这是他们内心深处对自己的一种设限，源于对自媒体行业缺乏足够的认知。这些人不知道，自媒体涵盖了各种不同的领域和形式，总有适合的切入点，只要愿意学习，不断提高认知，普通人也能在自媒体领域闯出一片天。可就是因为认知的固化，让这些人连尝试的勇气都没有，只能眼巴巴地看着别人在自媒体行业里实现财富自由。

只有不断提高自己的认知，才能像升级财富地图一样，发现更多隐藏在生活中的赚钱机会，也才能真正把这些机会转化为实实在在的财富。毕竟，在财富管理的世界里，认知就是那把打开财富大门的钥匙；没有这把钥匙，再多的财富摆在面前，也只能望洋兴叹。

虽然普通人常常难以触及认知范围之外的财富，不过别担心，通过下面这些方法，可以逐步提高认知，让财富离自己更近一点。

1. 广泛学习金融知识

想要在财富管理上有所突破，学习金融知识是基础。这就好比玩游戏，得先了解游戏规则，才能玩得好。可以去读一些经典的金融书籍，如《小狗钱钱》，它是用简单有趣的故事，教人们理财的基本概念;《穷爸爸富爸爸》则通过对比两种不同的财富观念，帮助人们重新审视自己对金钱的认知。

除了看书，还可以关注一些靠谱的财经公众号和财经杂志，每天花点时间了解最新的财经资讯、市场动态，慢慢积累金融知识，让自己对投资、理财有更清晰的认识。一旦掌握了投资工具的特点和风险，就不再是投资新手，面对财富机会时，也能更有底气去把握。

2. 拓展社交，接触多元信息

在财富认知提升上，拓展社交，接触多元信息十分有用。多参加一些行业研讨会、创业沙龙、投资俱乐部之类的活动。在这些场合，能遇到各行各业的高手。跟他们交流，可以打开一扇扇新的窗户，能看到不同的风景。比如，在创业沙龙上结识的创业者，会分享创业过程中的起起落落，以及对市场趋势的独特见解，这可能会让人对某个行业有全新的认识，甚至从中发现潜在的财富机会。

加入一些高质量的线上社群也是不错的选择。和群里的小伙伴讨论投资策略、分享商业点子，可以在思维碰撞中拓宽自己的认知边界。

3. 培养深度思考与分析能力

面对海量的信息，学会深度思考和分析至关重要。当看到一条财经新闻或者某个赚钱项目时，别急着跟风，先冷静下来思考一下。比如，看到某个热门行业的投资热潮，不要只看到表面的热闹，要思考背后的原因：这个行业的发展前景如何？竞争是否激烈？支撑它发展的核心因素是什么？是政策支持、技术突破，还是市场需求爆发？通过这样的深度思考，便能透过现象看本质，对事物具有更加深刻的认知，从而在财富管理中作出更明智的决策。

4. 勇于尝试与实践

光有理论知识可不够，还得勇于实践。就像学游泳，只在岸上看教程、听讲解，永远学不会，必须得下水扑腾几下。

去实践的话，可以从小额投资开始，比如先买几百块钱的基金，体验一下投资的过程，感受市场的波动，在实践中理解投资的风险和收益；或者尝试做一些小生意，摆个地摊、开个线上小店，学习进货、销售、售后等各个环节，了解商业的运作逻辑。

在实践过程中，会遇到各种问题，而解决这些问题的过程，就是提高认知的过程。即便尝试失败了，也别气馁，把它当作一次宝贵的学习经验，从中吸取教训，调整认知，下次就能做得更好。

5. 关注趋势，提前布局

财富常常青睐那些能洞察趋势的人，因此，平时要多留意社会发展、科技进步、政策变化等方面的趋势。比如，随着环保意识的增强，新能源行业逐渐兴起，如果能提前关注到这个趋势，在相关领域学习积累知识，甚至提前布局投资，当行业迅速发展时，就能收获财富。

关注政策导向很重要，国家大力扶持的产业，往往蕴含着大量的机会。多看看政府工作报告、行业政策解读，从中发现潜在的财富风口，提前提高在这些领域的认知，为抓住财富机会做好准备。

提高认知并非一蹴而就，但只要坚持运用这些方法，不断学习、实践、思考，就能逐步突破认知局限，看到更多财富机会，实现认知的变现。

投资的第一性原理是风险控制

投资的第一性原理其实是风险控制，而不是盲目地赌运气。

那些真正懂得投资的人，在投资前会对企业进行全面的分析。他们会研究企业的财务报表，看营收是否稳定增长、利润是否健康；会关注行业动态，判断企业在行业中的竞争力和发展前景；还会考虑宏观经济环境，评估政策对企业的影响。通过这些细致的分析，他们能更好地判断投资风险，作出更理性的投资决策。

投资不是一场刺激的赌博，而是一场需要耐心和智慧的马拉松。赌博式押注就像是蒙着眼睛在悬崖边奔跑，看似勇往直前，实则危机四伏；而风险控制则像是为自己系上了安全带，虽然不能保证能瞬间到达财富的彼岸，但能确保在投资的道路上稳步前行，不至于因为一次失误就坠入深渊。

那么，在投资中如何做好风险控制呢？这里给大家分享几个实用的方法。

1. 合理分散投资

千万别把所有的鸡蛋放在一个篮子里，这是投资界的一句老话，其中蕴含着深刻的道理。可以把资金分散投资到不同的资产类别，比如股票、债券、基金、房地产等。不同资产在不同市场环境下的表现往往不同，通过分散投资，能降低单一资产波动对整体投资组合的影响。就算某一类资产表现不佳，其他资产说不定能起到平衡作用，让财富不至于大幅缩水。

2. 明确止损与止盈点

给自己的投资设置一个“安全阀门”，也就是止损点和止盈点。

止损点能帮人们在投资出现亏损时及时“刹车”，避免损失进一步扩大。比如，设定当股票价格下跌10%时就卖出，这样就能控制住最大损失。

止盈点则能让人们在投资获得一定收益时及时落袋为安，锁定利润。很多人在股票上涨时贪心，总想着能赚更多，结果市场突然反转，利润瞬间化为泡影。有了止盈点，就能克服这种贪婪心理，保住胜利果实。

3. 深入了解投资标的

在决定投资某样东西之前，一定要花时间去深入了解它。如果投资股票，就要去研究公司的基本面，包括公司的业务模式、管理团队、财务状况等；如果投资基金，要了解基金经理的投资风格、过往业绩以及基金的投资策略。只有对投资标的有了充分的认识，才能更好地评估风险，知道自己的钱到底投到了哪里，心里才有底。

4. 定期复盘投资组合

投资不是一锤子买卖，而是一个动态的过程。要定期对自己的投资组合进行复盘，看看各项投资的表现如何，是否达到了预期；如果某些投资表现不佳，要分析原因，是市场环境变化导致的，还是投资标的本身出现了问题。根据复盘结果，适时调整投资组合，让它始终符合投资目标和风险承受能力。

5. 保持冷静理性的心态

投资市场就像一个情绪放大器，涨跌往往会让人情绪波动。但越是在这种时候，越要保持冷静理性。不要被市场的短期波动牵着鼻子走，更不要因为周围人的影响而盲目跟风。听别人说某只股票好就冲动买入，看到市场下跌就恐慌抛售，这些情绪化的决策往往是投资失败的根源。要相信自己的分析和判断，坚持长期投资的理念。

投资是一场需要智慧和耐心的旅程，风险控制就是前行路上的指南针。只有牢记投资的第一性原理是风险控制，摒弃赌博式的押注心态，运用科学合理的方法做好风险控制，才能在投资的海洋中稳健航行，逐步实现财富的增长。

如何用第一性原理避开投资陷阱

投资路上，到处都是精心包装的投资陷阱：高收益承诺、专家推荐、内部消息……稍有不慎，辛苦攒下的钱就打了水漂。其实，只要抓住第一性原理，回归投资的本质逻辑，就能看穿陷阱的真面目。

那么，应该如何利用第一性原理避开形形色色的投资陷阱呢？

1. 学习基础投资知识，建立认知框架

投资陷阱往往利用人们的知识盲区。而第一性原理则引导人们去学习基础的财务知识、投资原理，了解股票、基金、债券的运作逻辑，知道市盈率、市净率等指标的含义，这样就能更好地判断投资价值。需要注意的是，不需要成为专家，但要有基本的判断能力。

2. 拆解收益来源，警惕“无本万利”

投资的本质是让钱生钱，但很多陷阱都在用违背常理的高收益诱惑人。比如有人说“投 10000 元，一个月赚 5000 元”，乍一听令人心

动，但用第一性原理想想：什么样的生意能稳定做到月收益 50%？任何投资与理财都需要成本、风险和时间积累，天上不会掉馅饼，所以，这种承诺大概率就是骗局。投资里离谱的高收益承诺是不可能的。

遇到任何投资机会，先拆解它的收益从哪儿来。如果无法说清楚，或者收益来源不切实际，就要果断远离。

记住，合法投资都有成本和风险，收益和风险成正比。

3. 独立思考，不被情绪左右

当看到高收益投资回报时，很容易让人头脑发热。这时候就要用第一性原理冷静分析：这个产品收益有数据支撑吗？背后有没有利益关联？

还有些投资陷阱利用人们的跟风心理，当看到某个投资项目突然火爆，有的人就跟风入场。但第一性原理告诉人们，要独立思考项目的底层逻辑。真正理性的投资者会问：这个投资标的靠什么产生收益？风险在哪里？可持续性如何？

坚持独立思考，不盲目跟风，才能避免投资失败。

4. 明确自己的风险承受力

每个人的财务状况和风险承受能力不同。用第一性原理问问自己：这笔钱亏了会影响生活吗？能接受多大比例的损失？比如只有 10 万元存款，却想拿出 8 万元买高风险的产品，这显然不合理。

投资前要先做好资产配置，留出应急资金，再根据风险承受力选择投资产品。

5. 拒绝内幕消息和快速致富

总有人声称掌握内幕消息，能快速赚钱。但如果真有稳赚不赔的消息，为什么会免费告诉别人？

第一性原理告诉人们：信息不对称是常态，真正的好机会不会轻易外传。那些承诺“一周学会财富自由”的课程，都是“智商税”，财富积累没有捷径。

投资不是赌博，而是一场需要理性和智慧的长跑。用第一性原理拨开迷雾，不被表面的诱惑迷惑，坚持做正确的事，虽然不能保证一夜暴富，但能让财富稳稳地保值增值，远离投资陷阱的伤害。

财富的第一性原理是积累，而不是挥霍

财富就像一棵小树苗，得靠日积月累的精心浇灌才能长成参天大树。那些把奢侈品当日常消耗品、信用卡账单比工资单还厚的人，就算偶然获得一笔财富，也迟早会坐吃山空。

真正的财富高手，都懂得“积少成多，聚沙成塔”的道理。

看看身边那些财务状况稳定的人，会发现他们很少冲动消费。就像攒钱买第一套房的上班族，不吃外卖，每天自己带饭上班；电商购物节时不被满减套路迷惑，只买真正需要的生活用品。这些看似不起眼的小习惯，其实是在给财富打地基。再对比那些为了炫耀分期买新款手机，为了社交频繁出入高档场所的人，他们的钱包就像漏风的麻袋，收入再高也存不住钱。

挥霍带来的短暂快感，就像肥皂泡一样容易破碎；而积累财富的过程虽然漫长，但能带来实实在在的安全感。通过定期储蓄存够应急资金，用长期定投的收益覆盖生活开支，这种稳稳的幸福，远比一时的挥金如土更踏实。

想要把“积累财富”从口号变成现实，可以试试以下这些超实用的方法。

1. 建立“财富蓄水池”

每个月发工资后，先给自己定个“强制储蓄小目标”，比如存下收入的20%。别觉得这点钱少，每月存1000元，1年就是1.2万元，10年就是12万元。

可以用记账App设置自动转账，把钱转到专门的储蓄账户。就像小时候存零花钱一样，看着银行卡上的数字慢慢变多，会非常有成就感。

2. 培养“消费侦探”思维

花钱前先当5分钟“福尔摩斯”：这件衣服真的能穿3年以上吗？这个会员套餐每周都会用吗？

遇到打折促销，算算实际省了多少钱，别被“限时抢购”的噱头迷惑。

3. 做副业赚钱

除了主业工作，试着发展副业赚钱。擅长拍照可以接约拍，会写文章可以投稿或做自媒体，甚至在家做手工也能在网上售卖。就算每月只多赚几百块，日积月累也能成为一笔可观的收入，而且副业做好了，说不定还能变成主业，实现收入的翻倍增长。

4. 学习“钱生钱”理财

当储蓄达到一定金额，别让钱在银行“睡大觉”，可以从低风险的理财产品开始，有一定经验后，再尝试中高风险的投资。

就像养小宠物一样，定期给投资账户“投喂”资金，让它慢慢长大。但要记住，投资前一定要先学习相关知识，不要涉足自己不懂的领域。

5. 警惕“面子消费”陷阱

千万别为了满足虚荣心过度消费！朋友买了新款手机，不代表你也必须换；同事背名牌包，不意味着你也要跟风。

一个人真正的底气来自内心的充实和账户的余额，而不是物质的堆砌。把钱花在提升自己的技能与修为上，比如报个技能培训班，远比买个昂贵却不实用的物品更有价值。

6. 制订财富升级计划

给人生的不同阶段设定目标：短期存够旅游基金，中期攒首付买房，长期储备养老金。把大目标拆解成小任务，每完成一个，就可以奖励自己一顿大餐或一次短途旅行。

看着目标清单一个个打钩，就会发现，原来积累财富的过程也能充满乐趣。

财富的积累不是一味节俭，而是用智慧规划生活。戒掉挥霍的冲动，养成积累的习惯，时间会给人最丰厚的回报。毕竟，真正的财富自由，从来都不是靠购物或消费实现的。

依据不同的人生阶段制订理财规划，保障财务根基

人生就像一场闯关游戏，每个阶段都有不同的“财务关卡”：刚毕业时想存钱旅游，恋爱结婚时要筹备彩礼婚房，中年时期得操心孩子教育和将来的养老。如果用同一套理财策略应对所有阶段，就像拿钥匙开错门，不仅解决不了问题，还可能陷入财务困境。只有根据不同人生阶段的特点制订专属理财规划，才能稳稳守住财富。

想要在每个阶段都从容应对财务问题，制订科学的阶段性理财规划必不可少。

1. 第一关：单身奋斗期（22~30 岁）

刚踏入社会的年轻人，工资不高但消费欲望旺盛，常常陷入“月光”困境。

这个阶段收入通常不算高，但胜在负担小，正是培养理财习惯、积累原始资金的黄金时期。

——强制储蓄，养成存钱习惯

每月发工资后，先拿出收入的 20%~30% 存起来，别等花完剩下的再存，不然很容易“月光”。可以设置工资到账后自动转入专门的储蓄账户，积少成多。

——学习基础理财知识，尝试低风险投资

利用空闲时间学习基金、债券等基础知识。刚开始投资时，优先选择货币基金、短期债券基金这类低风险产品，既能获得比活期存款高的收益，资金取用也灵活。也可以每月拿出一小部分钱定投指数基金，用时间平摊风险，积累投资经验。

——投资自己，提升赚钱能力

这个阶段在理财上最值得的“投资”就是提升自己。可以花钱报专业课程、考取职业证书，增强职场竞争力，未来就能获得更高的收入，这比单纯理财收益增长更快。

2. 第二关：成家立业期（30~45 岁）

此时收入有所增加，但面临买房、育儿等大额支出，理财重点要放在保障家庭财务安全和资产稳健增长上。

——做好风险管理，配置保险

优先配置重疾险、医疗险、意外险和定期寿险，为家庭建立风险保障屏障。比如一场大病可能掏空家庭积蓄，有了保险就能减轻经济压力。保费支出控制在家庭年收入的 5%~10% 比较合适。

——规划大额支出，合理负债

如果有买房需求，要提前计算好首付和月供，确保不会给家庭带来过大的还款压力。避免过度负债及超前消费，要理性使用信用卡，按时还款，维护良好的信用记录。

——多元化投资，积累家庭财富

在低风险投资的基础上，适当增加股票基金、优质股票等权益类投资，但要控制好比例，比如不超过家庭可投资资产的 40%。也可以考虑配置一些债券、REITs（不动产投资信托基金），分散投资风险，实现资产的稳健增值。

3. 第三关：中年稳健期（45~60 岁）

这个阶段子女教育支出增加，同时要为退休生活做准备，理财要更加注重稳健性和长期规划。

——设立教育金账户，专款专用

可以选择教育金保险或基金定投的方式，每月固定存入一笔钱，强制储蓄的同时实现资金增值。教育金保险有强制储蓄和保障功能，基金定投则更灵活，收益潜力较高，根据自身需求选择。

——加大养老储备力度

除了社保养老金，要通过商业养老保险、养老目标基金、个人养老金账户等方式补充养老资金。越早开始储备，复利的力量就能发挥得越充分。比如每月定投养老目标基金，随着时间推移，积累的资金会相当可观。

——控制投资风险，守住财富

随着年龄增长，风险承受能力下降，要逐步减少高风险投资比例，增加债券、银行定期存款等稳健型资产配置。避免盲目跟风投资高收益、高风险项目，守护好辛苦积累的家庭财富。

4. 第四关：退休养老期（60 岁以后）

此时收入来源减少，理财的核心是保障生活品质、确保资产安全。

——合理安排养老金，保障生活开支

将养老金合理分配到日常生活支出、医疗保健、休闲娱乐等方面。可以把一部分钱存为银行大额存单，获取稳定利息；用一部分购买稳健的银行理财产品，满足日常消费需求。

——谨慎投资，避免本金损失

这个阶段投资要以保本为主，尽量不参与股票、期货等高风险投资。如果对投资感兴趣，可以选择国债、货币基金等低风险产品，确保本金安全的前提下实现资产小幅增值。

——提前规划遗产，传递财富

根据家庭情况，提前做好遗产规划，可以通过遗嘱、信托等方式，确保资产按照自己的意愿传承给子女或其他受益人，避免不必要的家庭纠纷。

人生的每个阶段都有独特的财富密码，只要根据自身情况制订合适的理财规划，不盲目跟风，不焦虑、不攀比，就能一步一个脚印，筑牢财务根基，稳稳走向财富自足的终点，让生活更加从容、美好。

消费的第一性原理是延迟，而不是提前满足

现代人被消费主义包围，总以为满足当下欲望就是快乐，但消

费的第一性原理其实是延迟，而非提前或即时满足。

冲动消费就是一时兴起。比如跟风买气泡水，尝鲜后发现味道一般，剩下半箱全堆在角落吃灰；为了拍张朋友圈照片，斥巨资买的节日限定彩妆，最后只用过一两次。

反观那些懂得延迟消费的人，就像给自己的钱包按下“暂停键”。看到喜欢的新款手机，先告诉自己“等三个月”，等热度消退，再冷静思考是否真的需要升级配置；遇到促销打折，不着急下单，而是列好购物清单，只买真正需要的物品。这种延迟决策，能过滤掉80%的无效消费。

延迟满足购物欲，其实是在给自己留出思考空间：这个东西能带来多久的价值？它是真的能提高生活质量，还是只是满足短暂的新鲜感？就像办健身卡，冲动消费的人当场刷卡，延迟消费的人会先去体验一周课程，观察场馆人流量和教练专业度，再决定是否长期投入。这种理性决策，不仅能省下冤枉钱，还能让每一笔消费都花在刀刃上。

以下是几个简单实用的方法，会帮人养成“聪明花钱”的习惯。

1. 设立48小时冷静期

遇到想买的东西，先别急于付款，把它加入购物车放两天。这期间问问自己：如果不买它，生活会不会受影响？两天后再看，会发现很多冲动购物的念头，都随着时间烟消云散了。就像深夜看到的零食，等第二天睡醒，可能连想吃的欲望都没了。

2. 建立愿望清单

把所有想买的东西列成清单，按需求程度打分。每月复盘一次，看看哪些东西依然想买，哪些已经忘记。比如曾心心念念的限量版球鞋，经过几个月沉淀，再考虑是否购买也不迟。这种方式能帮助区分“真需求”和“伪欲望”。

3. 计算时薪换算成本

买东西前先算算：这件商品相当于自己工作多久的收入？比如月薪5000元，每天工作8小时，时薪约30元。当想买300元的热销小家电时，提醒自己这相当于辛苦工作10小时的报酬，瞬间就会冷静许多。这种换算能让人对消费成本有更直观的感受。

4. 寻找替代方案

看到高价商品，别急着购买，先找找有没有性价比更高的替代品。比如大牌化妆品，完全可以找到成分相似的平价产品；热门餐厅的爆款菜品，自己动手做可能更健康、实惠。通过挖掘替代品，既能满足需求，又能省下一大笔钱。

5. 培养体验式消费的习惯

与其把钱花在买一堆闲置物品上，不如投资体验类消费。比如用买手机的钱去学一门技能、看一场演唱会、来一场短途旅行。这些体验带来的快乐更持久，还能提升自我价值，让消费变得更有意义。

延迟消费的本质，是用“主动选择”代替“被动接受”。学会用时间和理性筛选真正重要的需求，不仅能攒下更多钱，还会发现：那些经得起“延迟”的渴望，才是真正值得投入的美好。就像种下一棵树，现在的“等待”，终会在未来长出一片绿荫。不妨从今天开始，给下一次购物冲动多一点“缓冲时间”，也许就会慢慢爱上这种“掌控生活”的感觉。

第七章 情绪管理的第一性原理是理性接纳，而不是盲目对抗

焦虑、愤怒、悲伤……这些情绪就像不速之客，时不时地闯入人们的生活。很多人面对负面情绪，第一反应是拼命压抑、抗拒，试图将它们赶出内心世界，结果却发现情绪越对抗越汹涌，甚至让人精疲力竭。

其实，情绪管理的第一性原理并非盲目对抗，而是理性接纳。只要学会正视情绪、理解情绪背后的需求，就能从失控的旋涡中抽身，与情绪和平共处。

本章将深入探索如何以理性接纳为基石，构建强大的情绪管理能力。

学会接纳负面情绪，让内心恢复平静

每个人可能都有过这样的经历：告诉自己不要焦虑，心里的不安却像气球一样越吹越大；拼命压制怒火，结果在某个瞬间突然爆发，把场面搞得一团糟。

人们总把负面情绪当成敌人，想靠对抗把它们消灭，但情绪管理的第一性原理其实是接纳，而不是对抗。就像治水不能一味堵塞，接纳情绪才是让内心恢复平静的关键。

当焦虑、愤怒这些情绪涌上来时，对抗就像在和自己较劲。越是告诉自己“我不该这么脆弱”，就越容易陷入自我否定；越想立刻赶走坏情绪，反而会让它在心里扎根更深。就像失眠时强迫自己“必须睡着”，结果大脑更加清醒。但如果尝试接纳负面情绪，把焦虑当成提醒自己关注某件事的信号，把愤怒看作内心需求未被满足的表达，反而能让情绪慢慢消退。就像下雨天不再抱怨，而是撑起伞欣赏雨景，心情也会随之改变。

接纳负面情绪不是被动忍受，而是主动理解。当不再急于评判情绪的好坏，而是停下来问问自己“我为什么会有这种感受”，就能找到负面情绪背后的真正原因。只有找到根源，才能从根本上解决情绪问题，而不是在表面对抗中消耗精力。

想要学会接纳负面情绪，可以试试下面这些超实用的方法。

1. 给负面情绪贴标签

当负面情绪来临时，别急着逃避，先冷静地说出它的“名字”，比如“我现在很生气”“我有点难过”，就像是给负面情绪起昵称。这种简单的命名能激活大脑的理性区域，让人从负面情绪的旋涡中暂时抽离。

研究发现，给负面情绪贴标签能有效降低情绪的强度，就像给沸腾的水盖上锅盖，慢慢让它平静下来。

2. 做负面情绪的“旁观者”

想象自己是站在阳台上的观察者，看着负面情绪像楼下的人群一样来来往往。不要参与其中，只是静静地观察它们如何出现、如何变化，又如何消失。

这种“抽离视角”能帮人跳出负面情绪的掌控，以更客观的态度看待自己的感受。比如当焦虑来袭时，告诉自己：“我看到焦虑来了，但它只是暂时路过。”

3. 写情绪日记

准备一个小本子，每天花几分钟记录下当天的负面情绪，不用讲究文采，只需要真实地写下如“今天因为被批评，感到很委屈”“和朋友吵架后，心里又生气又后悔”等。写完后，试着分析负面情绪产生的原因，以及自己希望得到什么。

这个过程就像给负面情绪做一次深度“按摩”，能帮人梳理内心的想法，找到解决问题的方向。

4. 练习情绪呼吸法

当负面情绪上头时，做几次深呼吸：慢慢吸气 4 秒，让空气充满腹部，再缓缓呼气 6 秒。在呼吸的过程中，将注意力集中在负面情绪上，感受它在身体里的位置和强度。随着呼吸，想象负面情绪像云朵一样慢慢消散。

这种简单的呼吸练习，能快速平复身体的应激反应，为理性思考腾出空间。

5. 学会自我关怀

别对自己太苛刻，当负面情绪出现时，试着像安慰朋友一样安慰自己。比如对难过的自己说："没关系，谁都会有不开心的时候。"泡个热水澡，或者做一些喜欢的事。

自我关怀能让内心的安全感满满，增强对抗负面情绪的底气。

情绪就像四季更迭，有晴天也有雨天。放下对抗，选择接纳，就能和情绪成为朋友，在起伏中找到内心的平衡。记住，真正的情绪自由，不是永远没有负面情绪，而是学会与它们温柔相处。

越抗拒负面情绪，越难以摆脱它

有没有发现一个奇怪的现象：当被焦虑、愤怒、悲伤这些负面情绪缠上时，越想把它们推开，它们反而像牛皮糖一样，粘得更紧了？比如失眠的夜晚，越告诉自己"别想了，赶紧睡"，大脑反而像永动机一样，越转越快；工作中被批评后，拼命压抑委屈，结果在下班路上突然因为一件小事崩溃大哭。这类现象背后藏着情绪管理的关键真相：越抗拒负面情绪，它越会缠着人不放。

负面情绪就像来访的客人，越是板着脸赶它走，它越觉得自己不受欢迎，非要赖着证明它"存在的合理性"。

心理学上有个"白熊效应"：当人被要求"千万别想一只白色的

熊”，这只白熊反而会在人的脑海里挥之不去。负面情绪也是如此，当抗拒它们时，其实是在不断给大脑强化“我有负面情绪”的信号。就像和影子较劲，跑得越快，影子追得越紧；越是急于消灭负面情绪，它越会变本加厉地折磨人。

而且，抗拒负面情绪会让人陷入“情绪内耗”。把大量精力花在和情绪对抗上，不仅解决不了实际问题，还会让人疲惫不堪。比如，因为害怕失败而抗拒、焦虑，不敢尝试新工作机会，结果错过成长；因为不想面对悲伤，逃避和朋友倾诉，最后把自己憋得生一场大病。这种逃避和抗拒，就像在心里筑起一道墙，把负面情绪困在里面，不断让其发酵、膨胀。

想要摆脱负面情绪的纠缠，不妨试试下面这些实用方法。

1. 把情绪当成小信使

别把负面情绪当敌人，把它们想象成传递重要信息的小信使。比如焦虑可能是在提醒：“这件事很重要，得提前准备。”愤怒是在说：“我们的边界被侵犯了，需要维护自己。”下次情绪来临时，可以试着问自己：“它想告诉我什么？”

读懂情绪背后的需求，才能从根源上化解它们。

2. 开启情绪冥想模式

找个安静的角落坐下，闭上眼睛，专注感受身体里情绪的存在：焦虑可能是胸口发紧，愤怒像是胃部发烫，悲伤则像喉咙被堵住。不用评判，只是单纯观察这些感觉，随着呼吸，想象它们像烟雾一样慢慢消散。

每天花 5 分钟练习，能让人和情绪保持距离，不被它轻易控制。

3. 来一场情绪释放小仪式

找个安全的方式把情绪释放出来，可以对着枕头大喊，把愤怒吼出去；也可以痛痛快快哭一场，让悲伤随着眼泪流走；或者通过运动出一身大汗，把焦虑转化为身体的能量。

释放完情绪后，会发现心里轻松了许多，就像倒掉了装满脏水的水桶。

4. 建立负面情绪“急救箱”

提前准备好应对负面情绪的“急救箱”，比如喜欢的治愈系音乐歌单、搞笑视频收藏夹、解压小游戏，或者是能倾诉的好友名单。当情绪来袭时，立刻打开“急救箱”，用这些方法转移注意力，安抚内心，就像随身携带的创可贴，随时处理情绪的小伤口。

负面情绪并不可怕，可怕的是错误的应对方式。放下抗拒，试着接纳和理解它们，会发现，那些曾经难缠的情绪，其实只是需要被看见、被倾听的内心声音。当学会与情绪和平共处，就能在生活的风浪中始终保持内心的平静与从容。

学会接纳自己，便可以赶走自卑

总觉得自己不够漂亮、不够聪明、不够成功？站在人群里，明明没做错什么,却总忍不住低头,害怕被别人看穿“不够好”的自己？这种挥之不去的自卑，就像心里住着个挑剔的小怪兽，不停挑刺儿。但其实，当学会完全接纳自己，那些藏在角落里的自卑，自然会被阳光驱散。

自卑的根源，往往是人对自己太过苛刻，看着别人的优点，对比自己的不足，用放大镜审视缺点，却对闪光点视而不见。就像考试考了 90 分，别人都在夸你厉害，你却盯着丢的 10 分自责："为什么那道题没答对？"这种不接纳自己的心态，会让人陷入"我不行"的怪圈，越陷越深。

朋友抱怨长胖了，你会说"健康最重要"；朋友考试失利，你会安慰"下次一定行"。可轮到自己，却变成了最严厉的批评家。如果换个角度，像对待好朋友一样对待自己呢？完全接纳自己，就是停止这种自我攻击，不再用完美的标准绑架自己。接受自己的不完美，就像接受阴天和晴天都是天气的一部分，当你不再执着于"必须完美"，自卑也就失去了生长的土壤。

而且，接纳自己不是摆烂躺平，而是看清真实的自己后，依然愿意好好爱自己。承认自己的不足，同时也看到自己的努力和进步；允许自己偶尔脆弱，也相信自己有重新站起来的力量。当你从心底接纳自己，就会发现，原来自己远比想象中更值得被爱。

想要做到完全接纳自己，赶走自卑，可以试试下面这些实用的方法。

1. 列一份"我的宝藏清单"

找个安静的时间，拿张纸，写下自己所有的优点、特长和小成就。别觉得"这不算什么"，哪怕只是"擅长讲笑话""会做一道拿手菜"，都要写上去。

每天早上起床后，花几分钟读一读这份清单，就像给自己充电，慢慢建立对自己的认同感。

2. 练习自我肯定口头禅

给自己准备几句专属的鼓励语，比如"我已经很棒了""我值得被爱""我的存在就有价值"。当自卑的念头冒出来时，大声念出这些话，就像给心里的小怪兽戴上“静音耳机”。

一开始可能会觉得有点羞耻，但多练习几次，会发现真的能给自己带来力量。

3. 允许自己“不完美”

下次犯错或者没达到目标时，别忙着自责，先对自己说一句：“没关系，人都会有做不好的时候。”可以把失败当成一次学习的机会，分析哪里做得不好，下次怎么改进。就像学骑自行车，摔几跤很正常，重要的是最后能稳稳地骑起来。

4. 远离身边的“差评师”

如果身边有人总是贬低你、打击你，让你越来越不自信，那就和他们保持距离。多和那些欣赏你、鼓励你的人待在一起，就像给心灵换个温暖的阳光房。

同时，也别在社交平台上盲目和别人比较，每个人都有自己的节奏，过好自己的生活才最重要。

5. 记录“小确幸”时刻

准备一个小本子，每天记录3件让自己开心的小事，哪怕只是“今天吃到了超好吃的冰激凌”“受到了朋友的夸奖”。这些看似微不足道的瞬间，能帮你发现生活中的美好；也让你意识到，自己值得拥有这些快乐，从而更爱自己。

完全接纳自己，是和自己的温柔和解。当你不再执着于成为别人眼中的完美模样，而是学会欣赏独一无二的自己，那些困扰已久的自卑，自然会悄悄退场。

记住，不需要和任何人比较，因为你本来就很闪耀。

愤怒是本能，控制愤怒是本事

被插队时血压飙升，被误解时火冒三丈，被否定时气得浑身发抖……愤怒就像身体里的“红色警报”，一触即发。

遇到不顺心的事立刻发火，这是刻在基因里的本能反应。远古祖先靠愤怒吓退野兽、保护自己，但在现代社会，任由愤怒横冲直撞，不仅解决不了问题，还可能让小事变大事，最后会两败俱伤。所以说，愤怒是本能，控制愤怒才是真正的本事。

想象一下，你在餐厅等了半小时还没上菜，愤怒上头直接拍桌怒吼，服务员可能被吓蒙，其他顾客投来异样的眼光，最后菜虽然上了，但你的用餐体验全毁了。相反，如果先深呼吸平复情绪，礼貌地和服务员沟通，不仅能更快解决问题，还能避免一场尴尬。

这就像开车时遇到堵车，狂按喇叭发泄只会让自己更烦躁，冷静规划新路线才是正解。

控制愤怒不是压抑情绪，而是用更智慧的方式表达不满，让情绪为解决问题服务。

很多时候，愤怒的背后实际上藏着更深层的需求。被朋友“爽约”发火，可能是因为渴望被重视；被老板批评生气，也许是希望得到认可。

学会控制愤怒，就能在情绪爆发前多问自己一句：“我真正想要的是什么？”这种思考能帮人跳出情绪陷阱，找到更有效的沟通方式。

想要把控制愤怒修炼成自己的本事，可以试试下面这些超实用的方法。

1. 设置愤怒冷静倒计时

感觉怒火要冒出来时，立刻在心里默数 10 秒。这 10 秒就像给情绪踩了个急刹车，让理性大脑有时间“上线”。

科学研究发现，10 秒的缓冲能降低身体的应激反应，避免冲动行事；如果 10 秒不够，那就数到 30 秒、60 秒，给自己足够的时间恢复平静。

2. 发明愤怒替换口令

给自己设计一句专属的“灭火咒语”，比如“消消气，问题会解决的”“别上头，冷静最重要”。当愤怒来袭，大声念出这句话，就像给情绪施了个“镇定魔法”。

这个方法的关键是要重复默念，直到感觉心里的怒火慢慢熄灭。

3. 画张愤怒情绪地图

找张纸，把每次发火的场景、原因和后果记下来，比如因为同事抢功劳发火，结果被领导批评“不够团结”。

通过这种方式，能更清楚地看到愤怒带来的负面影响，下次遇到类似情况时，大脑会自动拉响“警报”：“发火会闯祸，冷静！”

4. 打造发泄愤怒“小基地”

准备一个专属的发泄空间，可以是房间角落的沙袋，也可以是用来涂鸦的本子。当怒火无处释放时，去打打沙袋、乱写乱画，把情绪都发泄出来。

但要记住，发泄只是第一步，更重要的是冷静下来后，思考如何避免下次再陷入同样的愤怒。

5. 培养情绪预演思维

每天花几分钟，想象自己可能遇到的容易发火的场景，比如堵车、被批评，然后在脑海里演练如何冷静应对。就像提前彩排一样，多练习几次，当真实场景出现时，身体会自然作出更理性的反应。

愤怒本身没有对错，但如何应对愤怒，却决定了人的生活质量。把控制愤怒变成习惯，不仅能避免很多不良的后果，还能让自己的内心更加平和强大。

记住，真正厉害的人，不是不会愤怒，而是能在愤怒时依然保持清醒和理智。

减少抱怨，专注于自我提升

早上上班堵车，忍不住抱怨“交通太差了”；工作任务繁重，抱怨“老板太压榨”；生活琐事不顺心，逮着朋友唠叨“怎么这么倒霉”……抱怨似乎成了很多人的日常习惯。但仔细想想，抱怨完之后，交通会变通畅吗？工作会自动完成吗？生活难题会自己消失吗？答案显然是否定的。

抱怨就像在给生活倒苦水，越倒心里越苦，而专注自我提升，才是给自己加糖的正确方式。

抱怨本质上是一种逃避。每一句抱怨，都是把责任推给外界，而忽略了自身改变的力量。停止抱怨，把精力放在自我提升上，就像给自己装上了升级的引擎，能驱动生活往更好的方向发展。

专注自我提升带来的改变是实实在在的。停止抱怨工作无聊，转而学习新的专业知识，可能会发现升职加薪的机会来了；不再吐槽社交圈子小，而是主动参加各种兴趣活动圈子，也许就能遇到志同道合的朋友。

减少抱怨的时间，用来读书、学习技能、锻炼身体，久而久之，会惊喜地发现，自己不仅能力变强了，心态也更加积极阳光。因为当把注意力放在成长上时，那些曾经让人抱怨的琐事，都变得不再那么难以忍受。

想要摆脱抱怨，专注自我提升，可以试试下面这些方法。

1. 设立抱怨记录本

准备一个小本子，每当自己开始抱怨时，就把抱怨的内容、原因和当时的场景记录下来；晚上复盘时，分析这些抱怨是否真的有意义，有没有更好的解决办法。比如抱怨“加班太多”，可以思考是否能提高工作效率，或者和领导沟通调整任务分配。

坚持记录一段时间，会发现自己抱怨的次数明显减少了。

2. 培养 3 分钟行动习惯

遇到让自己想抱怨的事情，先别急着抱怨，给自己 3 分钟时间，想想能做些什么改变现状。比如路上堵车，与其抱怨，不如打开手机听一节学习课程；工作遇到难题，不要埋怨任务难，而是立刻搜索相关资料，尝试寻找解决方案。

这 3 分钟的行动，可以快速把消极情绪转化为积极行动。

3. 寻找提升替代方法

当抱怨的念头冒出来时，用自我提升的行动替代它。比如，想抱怨“衣服不好看”，就去学习穿搭知识；想抱怨“身材不好”，马上换上运动服去锻炼。

把对现状的不满转化为改变的动力，久而久之，会发现自己不仅减少了抱怨，还收获了满满的成就感。

4. 加入正能量圈子

远离那些负能量满满的“抱怨群”，多和积极向上的人交朋友。当你想抱怨时，身边的朋友可能会鼓励你换个角度看问题，或者分享自己的提升经验。就像走进一片阳光充足的花园，周围的生机活力会感染你，让你不自觉地变得积极起来。

5. 练习感恩思维转换

遇到不顺心的事，尝试把抱怨转化为感恩。比如，抱怨“工作太累”时，换成“至少我有一份能养活自己的工作”；抱怨“天气太差”时，改成“幸好我有遮风挡雨的房子”。这种思维转换能让人发现生活中的“小确幸”，心态也会变得更加平和乐观。

减少抱怨，专注自我提升，就像给生活按下了快进键，让人更快地成为理想的自己。别再让抱怨消耗你的能量，从现在开始，把目光投向自己的成长，你会发现，原来改变生活的钥匙，一直握在自己手中。

嫉妒是心灵垃圾，越早扔掉越好

刷朋友圈看到别人晒豪车豪宅，心里酸溜溜的；同事升职加薪，忍不住在背后说“肯定走了关系”；朋友找到理想伴侣，表面祝福，实则默默比较自己哪里不如对方……嫉妒就像心灵垃圾，若不及时处理，便会越堆越多，侵蚀人的快乐与自信。

嫉妒本质上是一场自我攻击，嫉妒别人，其实是在否定自己的价值。看到他人成功，不思考对方付出的努力，只想着“凭什么不是我”；发现别人拥有美好事物，不是真心祝福，而是陷入“我为什么没有”的焦虑。这种扭曲的心理,就像给自己戴上了一副灰色眼镜，看什么都不顺眼，最后不仅伤害不了别人，反而让自己陷入痛苦的泥潭。

更可怕的是，嫉妒会破坏人际关系。因为嫉妒对朋友冷嘲热讽，用恶意揣测同事，只会让身边的人渐渐远离。被嫉妒蒙蔽双眼，就失去了欣赏他人优点、学习成长的机会。而及时扔掉嫉妒这个情绪，不仅能让心灵重获自由，还能让人以更开放的心态拥抱生活，发现自己独特的闪光点。

要想摆脱嫉妒的纠缠，可以试试下面这些实用方法。

1. 建立自我价值清单

找张纸，认真写下自己的优点、特长和成就。小到“擅长整理收纳”，大到“成功完成重要项目”，都一一记录下来。每当嫉妒心冒头时，拿出清单读一读，提醒自己：“我也有这么多厉害的地方！”

这就像给自己的自信心充值，当内心足够丰盈，便不会轻易因他人的光芒而黯淡。

2. 将嫉妒变成欣赏

把嫉妒转化为欣赏，当看到别人优秀时，先别急着酸溜溜地否定，而是真诚地问问自己：“他哪里做得好？我能学到什么？”比如同事升职，想想对方可能在沟通能力、专业技能上更出色，把他当作学习的榜样。

这种思维转换，能让嫉妒的负能量变成自我提升的动力。

3. 练习“对比刹车术”

意识到自己在和别人比较时，立刻在心里喊“停”！比较是嫉妒的催化剂，每个人的人生节奏不同，背景、机遇也不一样，盲目比较只会自寻烦恼。就像非要拿跑步的速度和游泳的技巧比，根本没有意义。

多关注自己的成长轨迹，和昨天的自己比进步，才是正解。

4. 打造专属成长赛道

找到自己真正热爱的领域，专注深耕。当人沉浸在自己擅长且喜欢的事情中，会获得源源不断的成就感，也无暇去嫉妒他人。比如热爱绘画，就专心提高画技；痴迷编程，就钻研代码世界。

在属于自己的赛道上发光发热，远比盯着别人的生活更有意义。

5. 学会真诚表达

当嫉妒情绪涌上来时，尝试和信任的人聊聊。把心里的不舒服坦诚地说出来，对方可能会给出新的视角，帮忙解开疙瘩；也可以直接向优秀的人请教，真诚地表达欣赏和学习的意愿。

很多时候，嫉妒源于误解和距离感，而沟通能化解隔阂，甚至让嫉妒转化为珍贵的友谊。

嫉妒，看似是一种不好处理的顽固情绪，实则不堪一击。只要愿意正视它、用正确的方法应对它，就能重获心灵的健康与自由。

学会开导自己，走出情绪的低谷

被领导批评后躲在厕所抹眼泪，和朋友吵架后整夜翻来覆去睡不着，考试失利后觉得自己干什么都不行……每个人都有掉进情绪低谷的时候。

这时候，与其等着别人来安慰，不如学会当自己的“心灵急救员”。

自我开导不是盲目乐观，而是用理性和温柔与自己对话。当觉得“我好失败”时，不妨问问自己：“这件事真的能定义我的全部吗？”当陷入“为什么倒霉的总是我”的抱怨时，试着回忆过去克服困难的经历，告诉自己：“我比想象中更强大！”这种自我对话，就像在黑暗中点亮一盏灯，会指引人找到走出低谷的路。

想要掌握自我开导的技能，不妨试试下面这些超实用的方法。

1. 开启情绪放映厅模式

找个安静的角落，像看电影一样回顾让自己陷入低谷的事情。不过这次，是坐在观众席的“导演”，用上帝视角分析剧情：主角（也就是自己）为什么会走到这一步？有哪些情节是可以改变的？

这种抽离的视角，能帮人更客观地看待问题，减少情绪内耗。

2. 启动快乐回忆数据库

当负面情绪来袭，立刻在大脑里搜索那些让人开心、自豪、温暖的回忆，可能是小时候和家人一起旅游的欢乐时光，也可能是成功完成某个挑战时的成就感。把这些快乐的回忆像放幻灯片一样在脑海中播放，能有效驱散阴霾。

3. 来一场身体重启计划

情绪处于低谷时，身体也会变得懒洋洋的。这时候，可以去跑跑步、跳跳绳，或者跟着视频做一套拉伸操。运动能促使大脑分泌内啡肽，让人产生愉悦感，就像给身体按下了“重启键”。出了一身汗后，会发现，那些坏情绪也随着汗水一起被冲走了。

4. 设立小目标闯关游戏

把走出低谷的过程变成一场游戏。比如，今天的目标是“好好吃一顿饭”，明天的任务是“出门晒 10 分钟太阳”，后天挑战“和朋友聊聊天”。每完成一个小目标，就给自己一个小奖励。看着“闯关进度条”慢慢填满，就会找回对生活的掌控感。

5. 尝试自然疗愈法

去公园散散步，听听鸟鸣，看看树叶随风摇曳；或者坐在窗边，晒晒太阳，发发呆。大自然就像一位无声的治愈师，能抚平人内心的焦躁。观察一朵花的绽放、一片云的飘动，会意识到，生活中还有很多美好的小事，值得放下烦恼，用心感受。

陷入情绪低谷不可怕，可怕的是放弃自我拯救的力量。学会开导自己，就能打开任何困住自己的情绪枷锁。

记住，人远比自己想象中更强大，那些打不倒自己的低谷，终将成为向上攀登的垫脚石。

第八章 婚恋家庭的第一性原理是共同成长，而非单方付出

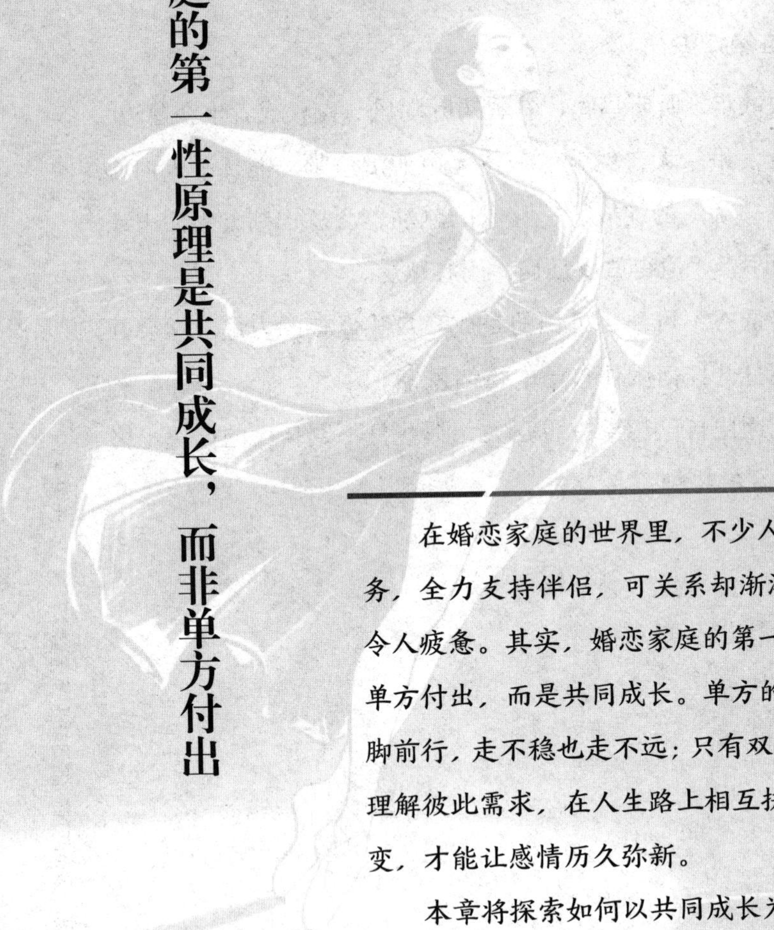

在婚恋家庭的世界里，不少人默默包揽家务，全力支持伴侣，可关系却渐渐变得失衡，令人疲惫。其实，婚恋家庭的第一性原理并非单方付出，而是共同成长。单方的牺牲就像独脚前行，走不稳也走不远；只有双方携手进步，理解彼此需求，在人生路上相互扶持、共同蜕变，才能让感情历久弥新。

本章将探索如何以共同成长为基石，构筑稳固而幸福的婚恋家庭关系。

爱情的第一性原理是情感共鸣，而非形式匹配或条件交换

很多人在爱情里迷失方向，以为找个条件合适的人，遵循恋爱的“标准流程”，就能收获幸福。但爱情的第一性原理，其实是情感共鸣，而非形式匹配或条件交换。

形式匹配就像搭积木，把外貌、收入、家庭背景等条件一一对应，看似严丝合缝，却没有灵魂。比如有人和相亲对象各方面条件都“很合适”，但约会时全程尴尬冷场，聊不到两句就开始玩手机。

条件交换则更像一场交易，一方提供物质保障，另一方给予陪伴照顾，可一旦“价码”失衡，关系就摇摇欲坠。

这些没有情感共鸣的爱情，就像没有放盐的菜，再精致的摆盘也尝不出滋味。

真正的情感共鸣，是当一方分享“今天看到一朵超美的云”时，另一方不会觉得无聊，而是兴致勃勃地一起讨论云的形状；是一方遇到挫折崩溃大哭，一方不需要说什么大道理，一个拥抱就能让人感到被理解。

这种灵魂的共振，能让两个人在漫长岁月里，始终保持对彼此的好奇与欣赏，把平淡日子过成浪漫的诗。

想要在爱情里找到情感共鸣，可以试试下面这些方法。

1. 进行深度聊天

别总聊“吃了吗”“在干吗”这些表面话题，试试聊聊内心深处的想法。比如分享童年最难忘的一件事，聊聊对未来的恐惧和期待，谈谈自己坚持多年的小习惯背后的故事。就像拆礼物一样，一层层打开对方的内心世界。

当双方愿意互相暴露脆弱，情感共鸣就开始生根发芽了。

2. 创造共同体验清单

一起去做从没尝试过的事：深夜爬山看日出，学做一道超难的菜，报名双人舞蹈课。在共同克服困难、创造回忆的过程中，双方会更了解彼此的性格和处事方式。

比如一起学跳舞时，发现对方虽然手脚不协调，但特别有耐心，这种新发现会让感情不断升温。

3. 培养情绪同步能力

当对方分享快乐时，别只是礼貌性点赞，而是全身心投入感受对方的喜悦；当对方倾诉烦恼，别急着给建议，先共情对方的情绪：“换作是我，肯定也特别委屈。”就像给对方的情绪按下“复制粘贴”键，让他知道自己不是一座孤岛，这种理解比任何安慰都珍贵。

4. 尊重差异中的共性

每个人都有不同的兴趣爱好和价值观，不必强求对方和自己完全一样，比如你喜欢看文艺电影，他热衷看动作电影，但你们都享受在电影院的时光。

找到这些差异中的共性，互相尊重彼此的独特性，反而能为感情注入新鲜感。就像两条不同的河流，最终都奔向幸福的大海。

5. 建立爱情复盘机制

每个月抽出时间，聊聊这个月相处中开心的事、遇到的矛盾，以及希望对方作出的改变。但记住，这不是互相指责，而是坦诚沟通、共同成长。比如发现最近因为工作太忙，陪伴变少了，那就一起制订新的约会计划。通过复盘，让感情始终保持健康的状态。

6. 保持好奇与探索欲

别以为在一起久了，双方就没什么可了解的了。多问问“如果重来一次，我们会做什么不一样的选择”“最近有没有偷偷喜欢上什么新东西”，就像探索宝藏一样，持续挖掘对方身上的闪光点，让情感共鸣不断有新的源泉。

爱情不是完成一道道条件匹配的数学题，也不是等价交换的交易。放下对形式和条件的执着，用心寻找和守护情感共鸣，才能遇见真正契合的灵魂，收获一段温暖又长久的爱情。

婚姻的第一性原理是共同成长，而非责任捆绑或惯性维系

有人觉得婚姻是“搭伙过日子”，有人觉得“结了婚就得凑合过”，于是这些人在婚姻里，一方埋头赚钱养家，另一方默默操持家务，看似各司其职，实则像两条平行的轨道，毫无交集。还有些夫妻，靠着“为了孩子”“离婚太麻烦”的理由勉强维持，每天重复着毫无感情的生活。但婚姻的第一性原理，从来不是责任捆绑或惯性维系，而是共同成长。

用责任捆绑的婚姻，就像给彼此戴上了沉重的枷锁。一方觉得“我赚钱这么辛苦，你就该把家里打理好”，另一方委屈地想“我付出这么多，你却看不到”，双方都在强调自己的责任，却忘了关注对方的需求和感受。而惯性维系的婚姻更可怕，两个人像被按下单曲循环的机器，每天重复着“起床、上班、吃饭、睡觉”的流程，连吵架的激情都没有，只剩下麻木和疲惫。这样的婚姻，即便表面完整，内里早已千疮百孔。

共同成长的婚姻则截然不同。夫妻双方像两棵并肩生长的大树，既各自扎根汲取养分，又在枝叶交错间相互扶持。当一方学习新技能时，另一方不是泼冷水，而是陪着一起研究；当生活遇到难题时，两个人不是互相埋怨，而是携手寻找解决办法。在这个过程中，夫妻不仅见证了彼此的蜕变，也让婚姻不断焕发新的生机。

想要让婚姻走上共同成长的轨道，需要双方共同努力。

1. 制订夫妻成长计划表

找个悠闲的周末，和另一半坐下来，聊聊各自近期想学习的新技能或想实现的小目标。比如一方想学烘焙，另一方想尝试摄影，那就把这些目标写进计划表，互相监督、互相鼓励。还可以约定每周抽出固定时间，分享学习成果和心得，让彼此的成长成为婚姻的调味剂。

2. 开启双人冒险模式

一起去做从未尝试过的事，比如报名双人瑜伽课、挑战自驾游、参加公益活动。在共同克服困难、创造回忆的过程中，不仅能加深对彼此的了解，还能培养团队协作能力。

3. 设立婚姻复盘日

每月设置一天作为婚姻复盘日，两个人坦诚地聊聊这个月相处中开心的事、遇到的矛盾，以及希望对方作出的改变。但记住，复盘不是互相指责，而是为了更好地改进。比如发现最近因为工作太忙，陪伴变少了，那就一起制订新的约会计划，让婚姻始终保持“在线状态”。

4. 培养共同的兴趣爱好

除了各自的爱好，再寻找一些双方都感兴趣的事，比如一起看一部电视连续剧、研究投资理财、学习一门新语言。有了共同话题，就像给婚姻装上了“永动发动机”，永远不愁没话说。当两个人为剧中的情节争论不休，或是为学会一句新外语欢呼雀跃时，感情也会在不知不觉中升温。

5. 建立互相欣赏机制

每天花几分钟，真诚地夸夸对方的优点或当天做得好的小事，比如“今天做的菜太好吃了，你简直是隐藏的大厨”“你今天处理问题的方式超机智”。这些看似不起眼的赞美，能让对方感受到被认可、被欣赏，为婚姻注入满满的正能量。

6. 规划家庭愿景板

一起描绘未来 5 年、10 年的家庭蓝图，是换一套更大的房子？还是来一场环球旅行？把这些愿景画在纸上或做成电子相册，时不时拿出来看看。有了共同的目标，夫妻就像并肩作战的战友，朝着同一个方向努力，婚姻也会更有凝聚力。

婚姻不是爱情的终点站，而是两个人共同成长的新起点。放下责任的重担和惯性的束缚，和另一半携手向前，在成长的路上彼此成就，才能让婚姻这朵花在岁月的滋养下越开越盛。

家庭的第一性原理是经济基础，而不是感情

有人觉得，只要一家人感情好，没有什么钱也能过得幸福。再深厚的感情也会在柴米油盐的重压下变得脆弱不堪。家庭的第一性原理不是风花雪月的感情，而是实实在在的经济基础。经济基础就像家庭的地基，地基不稳，再美好的感情“高楼”也会摇摇欲坠。

感情能让家人彼此牵挂、相互扶持，但经济基础才能解决家庭的生存和发展问题。有了稳定的经济收入，才能给家人提供安全的住所、优质的教育、可靠的医疗保障，让家庭生活更有底气。

当然，强调经济基础并非否定感情的重要性，而是说经济基础是感情长久维系的前提。只有吃饱穿暖、没有后顾之忧，家人之间才能心平气和地享受相处时光，一起规划未来；否则，为了钱频繁争吵，再好的感情也会被消耗殆尽。

经济基础和感情就像家庭这辆车的两个轮子，缺一不可，但经济基础更像是驱动前行的主动轮。

想要稳固家庭的经济基础，可以尝试下面这些实用方法和注意事项。

1. 制订家庭财务计划

和家人坐下来，一起梳理家庭收入和支出。每个月工资多少、副业收入多少，房贷、水电费、生活费等支出各是多少，列成详细表格。根据收支情况，设定短期和长期目标，比如三个月存够旅游基金等。

有了清晰的财务计划，家庭经济管理就像开了导航，不容易迷路。

2. 建立家庭应急小金库

生活总有意外，失业、生病、突发灾害都可能打乱家庭节奏。每个月从收入中拿出一部分存进专门账户，作为应急资金。一般来说，这笔钱要能覆盖家庭 3~6 个月的基本开支。这就像给家庭买了份“经济保险”，遇到突发困难时不至于手足无措。

3. 学会“钱生钱”的小妙招

别让钱在银行活期账户“睡大觉”，可以根据家庭风险承受能力，选择合适的理财方式，风险低的如国债、货币基金，风险稍高但收益也高的如股票基金、债券基金。刚开始可以小额尝试，慢慢积累经验。

记住，投资有风险，不懂的领域千万别贸然投入大量资金。

4. 培养家庭成员“经济头脑”

经济管理不是一个人的事，要让全家人都有理财意识。比如可以和孩子玩模拟超市游戏，教他们认识金钱；和伴侣定期开“家庭经济会议”，讨论收支情况和理财计划。

一家人目标一致，劲儿往一处使，家庭经济条件才能越来越好。

5. 避免盲目跟风消费

看到别人买好车、住大房子，别盲目攀比。根据家庭实际情况消费，不买用不上的东西，不参与超出预算的活动，如遇到促销打折，先想想是否真的需要，别被“限时抢购”的噱头迷惑。

理性消费能帮家庭省下不少钱，积少成多就是一笔可观的财富。

6. 规划家庭成员的成长投资

把钱花在刀刃上，为家庭成员的成长投资，比如给孩子报兴趣班培养特长，支持伴侣学习新技能提高职场竞争力，自己也定期参加培训课程。这种投资短期内可能看不到收益，但从长远来看，能为家庭创造更多价值，带来更大的经济回报。

家庭的幸福离不开经济基础的支撑，只有重视家庭经济管理，做好规划、合理理财，才能让家庭这艘小船在生活的海洋中平稳航行。

记住，先把经济地基打牢，再谈感情的诗和远方，才是对家庭真正的负责。

家庭矛盾化解，从立场冲突到与本质需求对齐

“周末必须回我爸妈家！”“不行，我约了朋友聚会！”“孩子必须上钢琴课！”“学编程更有前途！”家庭里的争吵，常常像一场激烈的辩论赛，每个人都固执地捍卫自己的立场，吵得面红耳赤却问题依旧。其实，化解家庭矛盾的关键，不是争出谁对谁错，而是从立场冲突中跳出来，找到大家的本质需求，实现需求对齐。

立场就像是浮在水面的冰山一角，看得见却不够深入。比如夫妻为“回谁家过年”争吵，表面上是选择问题，背后可能藏着“想让爸妈开心”“渴望陪伴家人”的情感需求；家长为孩子报兴趣班争执，不是单纯的课程选择，而是都希望孩子能有更好的未来。如果只在立场上较劲，就像在原地打转，越吵越僵，只有深挖本质需求，才能找到矛盾的根源。

对齐本质需求，就可以解决家庭矛盾。当全家人的需求被看见、

被尊重，就能一起商量出双赢的解决方案。比如过年可以两家轮流去，或者把双方父母接到自己家团聚；关于给孩子报兴趣班的问题，可以先让孩子尝试不同课程，根据他的意愿选择。这种方式不仅解决了当下的矛盾，还能让家庭成员之间的关系更加紧密。

想要从立场冲突走向本质需求对齐，可以尝试下面这些方法。

1. 挖掘隐藏需求

争吵时，先按下暂停键，别忙着指责，而是冷静地问问对方："我们这么坚持，是不是有什么特别的想法？"比如孩子不愿意写作业，别急着发火，耐心问问："是不是作业太难了？还是想先玩一会儿？"把藏在立场背后的需求挖掘出来，才能看到真正的意图。

2. 绘制"家庭需求拼图"

找个轻松的周末，全家人围坐在一起，每个人拿张纸，写下自己近期的需求和愿望，可能是换个新电脑提高工作效率，也可能是每周有一天"家务休息日"，或者去游乐园玩。把这些需求都贴在墙上，像拼拼图一样，寻找共同的目标和可以互相妥协的部分。比如，为了攒钱买电脑，全家可以一起减少非必要开支；孩子答应好好表现，就能实现去游乐园的愿望。

3. 进行"角色互换"的游戏

当矛盾僵持不下时，试试角色扮演：让爸爸扮演孩子，体会写作业的辛苦；让孩子扮演家长，感受操持家务的不易。

通过换位思考，大家能更理解彼此的难处，发现立场背后隐藏的情感和需求。这就像穿别人的鞋子走一段路，才知道哪里硌脚，哪里舒服。

4. 建立家庭协商机制

制定家庭议事规则，遇到分歧时，每个人都有平等发言的机会，不打断、不批评。发言结束后，一起讨论解决方案，优先满足大家共同的核心需求，对于次要需求可以轮流满足或寻找替代方案。比如讨论假期安排，全家都希望放松身心，那就选择一个既能休闲又能满足个别成员兴趣的目的地。

5. 巧用需求升级法

把个人需求转化为家庭共同目标。比如，孩子想养宠物，家长可以引导孩子思考：如果养宠物，全家可以一起照顾它，让家里更有活力。再如，夫妻一方想创业，另一方担忧风险，可以规划“创业家庭支持计划”，把个人的事业追求变成全家人共同努力的目标。通过这种方式，让矛盾转化为家庭成长的动力。

家庭矛盾就像一团乱麻，越扯越紧。但只要抓住本质需求对齐这个核心，就能找到线头，慢慢解开。当家庭成员不再执着于立场对错，而是用心倾听、互相理解，再大的矛盾也能迎刃而解，让家庭充满温暖与爱。

运用第一性原理修复夫妻关系裂痕

当夫妻之间从甜蜜变成沉默，当夫妻为鸡毛蒜皮的小事争吵，甚至开始冷战，裂痕就像墙缝里的小蜘蛛，悄无声息地织网。不少人急着用送礼物、说软话补救，却发现治标不治本。其实，想要真正修复关系，需要用第一性原理找到问题根源，而不是在表面瞎忙活。

夫妻关系的本质是两个人携手同行，但裂痕往往源于“不同频”。例如，一方想追求事业发展，另一方渴望安稳陪伴；一方习惯把情绪藏起来，另一方觉得被冷落。就像两人共骑一辆自行车，一个猛蹬，一个刹车，自然走不远。用第一性原理思考，就是抛开“他怎么又这样”的抱怨，去深挖行为背后的需求和期待，找到关系失衡的核心原因。

修复裂痕不是单方面的妥协，也不是复刻恋爱时的甜蜜，而是重新搭建彼此理解的桥梁。就像修补漏水的船，不能只堵表面的窟窿，得先找到裂缝源头，再用合适的材料加固。接下来分享几个用第一性原理修复关系的实用方法，有助于把破碎的感情重新拼得更牢固。

1. 开启深度解码模式

找个安静的晚上，关掉手机，和伴侣像朋友聊天一样，聊聊最近的感受。别一开口就指责，试试这样说：“我最近总觉得很委屈，是不是我们之间有些地方没沟通好？”当对方表达想法时，别急着反驳，而是像破译密码一样，理解他话语背后的需求。比如他抱怨你加班多，可能不是怪你忙，而是希望得到更多关心。通过深度对话，把藏在裂痕里的“暗雷”一个个排掉。

2. 绘制关系问题地图

拿张白纸，和伴侣一起把目前关系里的问题都写下来，大到对未来规划的分歧，小到谁该倒垃圾的争吵。然后像侦探破案一样，分析每个问题产生的原因。比如总为花钱吵架，可能是消费观不同，也可能是缺乏共同的财务规划。把问题和原因都标注清楚，就像有了一张修复关系的“导航图”，知道该从哪里入手。

3. 启动共同目标重建计划

回忆刚结婚时，你们对未来有哪些憧憬，是买一套带花园的房子，还是一起环游世界？把这些被遗忘的目标找出来，再结合现状制订新计划。比如今年先攒够旅游基金，明年学习理财知识。有了共同目标，夫妻俩就像重新绑上了“同心绳”，劲儿往一处使，在合作实现目标的过程中，慢慢找回并肩作战的默契。

4. 练习情感翻译术

很多时候，夫妻的争吵源于不会好好说话。把指责的语言翻译成需求，比如把“你怎么这么懒”换成“我有点累，能不能帮我分担点家务？”；把抱怨变成请求，比如将“每次约会你都迟到”改成“下次我们准时见面，好吗？”。这种温柔的表达方式，能降低对方的防御心理，让沟通变得顺畅，就像给对话加了润滑剂。

5. 设立关系急救箱

准备一些能快速缓解矛盾的小妙招，比如两个人约定，每次争吵时，一方说出“暂停”暗号，双方就立刻停止争论，冷静 10 分钟；再比如准备“道歉盲盒”，里面装上写着暖心话的卡片、对方喜欢的小零食，矛盾化解后送给他。这些小设计就像关系里的“创可贴”，能及时处理小伤口，防止演变成大裂痕。

6. 重建信任储蓄罐

信任一旦被破坏，修复起来需要时间。从生活小事做起，答应对方的事一定做到，比如准时回家、帮忙完成承诺的任务。每次兑现承诺，就像往信任储蓄罐里投币，存得越多，关系越稳固。同时，也要学会原谅对方的小失误，别揪着过去的错误不放，要给彼此重新开始的机会。

修复夫妻关系裂痕就像培育一株受伤的植物，急不得也懒不得。用第一性原理找到根源，再配合这些实用方法慢慢养护，总有一天，双方的感情会重新枝繁叶茂，甚至比以前更坚韧。毕竟，真正的幸福婚姻，不是从来没有裂痕，而是懂得用智慧和耐心修补每一道伤痕。

第九章 健康的第一性原理是身心平衡，而非单一的指标优化

在追求健康的道路上，不少人常常会陷入这样的误区：疯狂健身，只为降低体脂率；严格控制饮食，紧盯体重数字；定期体检，执着于各项指标是否达标。然而，当体检报告全是“正常”，却依然感觉疲惫焦虑、提不起劲时，就不得不思考：健康的第一性原理究竟是什么？

其实，健康并非单一指标的极致优化，而是身心平衡的和谐状态。身体的活力与心灵的安宁，如同鸟之双翼、车之两轮，唯有两者协调统一，才能真正拥抱健康人生。

本章将探寻身心平衡的健康奥秘。

生命的第一性原理是健康，身体才是奋斗的本钱

有的人熬夜加班赶项目，咖啡不离手成为日常，觉得只要业绩好，身体扛一扛就过去了，直到某天突然晕倒在工位，去医院一查，血压、血糖全线飘红，才惊觉自己把健康当儿戏。这就是忽视生命第一性原理的后果。

殊不知，健康才是闯荡人生的“原始资本”。

很多人总把健康拆解成单一指标：每天步数过万，体脂率必须达标，体检报告不能有异常指标。但就像只盯着手机电量百分比，却不管芯片发热、内存不足，最终只会死机。真正的健康不是把自己活成体检报告上的一串数字，而是追求身心的动态平衡。比如有人为了减肥疯狂节食，结果情绪暴躁、月经失调；有人沉迷健身，肌肉练得漂亮，却因为过度训练导致关节损伤。这些都是顾此失彼的“伪健康”。

身体就像一个精密的交响乐团，心脏跳动是鼓点，呼吸节奏是长笛，情绪起伏是弦乐……当人熬夜、焦虑、胡吃海塞时，就像在乐团里硬塞了一支走调的唢呐，短期听着热闹，久了整个曲子都会崩。那些突然倒下的“拼命三郎”，那些年纪轻轻就患上慢性病的职场人，都在给人们敲响警钟：没有健康打底，所有的梦想、野心、诗和远方，都是沙滩上的城堡。

明白了健康的重要性，那该怎么守住这份“原始资本”呢？

1. 别做数据的奴隶

别天天盯着体重秤、运动手环的数字焦虑，今天少走了200步又怎样？与其机械打卡，不如享受散步时吹过脸颊的风。看到体检报告里的异常指标也别慌，遵医嘱调整生活习惯，定期复查就好。

2. 给身心按下暂停键

每天留10分钟放空自己，哪怕只是闭眼深呼吸，或是发发呆。

周末关掉手机去爬山、钓鱼，让大脑从“996模式”切换到“省电模式”。

情绪上头时，试试“478呼吸法”：吸气4秒，屏息7秒，呼气8秒，可以瞬间给情绪降温。

3. 吃对远比吃少重要

别被“超级食物”“断糖食谱”唬住,吃饭的终极奥义就俩字——均衡。早餐别总啃冷面包，煮个鸡蛋、蒸根玉米，顺手切点水果，5分钟搞定营养套餐；午餐如果必须点外卖，记得加份绿叶菜，最大限度地做到营养均衡；晚上回家懒得炒菜，煮碗挂面卧个蛋，撒把葱花，热乎乎地吃下去比泡面强10倍。遇到聚餐也别焦虑，偶尔吃一顿火锅或烧烤，多涮菜少蘸酱，快乐和健康完全可以兼得。

4. 找到运动的快乐开关

怕在健身房办了年卡放在家里吃灰？没关系！把运动融入生活才是高手。上班提前两站下车，边走边观察街边小店的新橱窗；午休时在办公室靠墙站5分钟，悄悄改善体态；周末约朋友别总聚餐，去公园骑骑车、打打羽毛球，既能唠嗑又能出汗。

运动的本质是让身体活跃起来，而不是完成痛苦的KPI。

5. 建立健康朋友圈

和总约夜宵、通宵打游戏的朋友说“不”，多和作息规律、热爱生活的人待在一起。有人约你健身、爬山，果断加入；有人喊你熬夜追剧，学会拒绝。环境的力量比你想象的更加强大。

健康这场修行，没有速成班，也没有标准答案。别等身体亮红灯才后悔，从今天开始，把身心平衡刻进脑子里。毕竟，保住了“奋斗的本钱”，才能在人生这场马拉松里跑得更远，看到更美的风景。

健康的第一性原理是保持身心平衡

为了减肥疯狂节食，体重降了却整天焦虑暴躁；每天泡健身房练器械，肌肉是练出来了，可失眠却找上门；体检指标都正常，却总觉得浑身没劲、提不起精神……现代人追求健康，常常陷入“头痛医头，脚痛医脚”的怪圈，一门心思优化某项身体指标，却忘了健康的第一性原理——保持身心平衡。

身体和心理就像天平的两端，哪边失衡，健康的大厦都会摇摇欲坠。

只关注身体指标，就像给房子疯狂装修外观，却不管水电线路是否正常。有人为了降血压，严格控制饮食、按时吃药，血压是稳定了，却因为长期压抑食欲，变得郁郁寡欢；有人为了练出八块腹肌，每天高强度训练，结果肌肉拉伤，还患上了运动焦虑症。而忽视身体只关注心理，好比住在危房里却只顾着美化窗帘，再积极的心态也抵不过疾病的突然袭击。

真正的健康，是身体活力满满，心里也阳光灿烂。当人既能享受运动带来的酣畅淋漓，也能在压力大时及时调整心态；当人的体检指标正常，同时也能拥有良好的睡眠和稳定的情绪，才是身心平衡的状态。这就像一首和谐的交响乐，身体和心理的每个音符都配合默契，才能奏响健康的乐章。

想要实现身心平衡，可以试试下面这些方法。

1. 制作“健康平衡仪表盘”

准备一张表格，把身体和心理的状态都列出来，身体方面记录睡眠质量、运动量、饮食情况，心理方面标注每天的情绪状态、压力值、是否感到快乐。

每周复盘一次，看看哪些指标亮了“红灯”。比如发现这周因为工作压力大，每天熬夜，情绪也很烦躁，那就要及时调整，给身心按下“重启键”。

2. 开启身心“充电”模式

每天给自己留一些专属的放松时间，给身体“充电”，可以泡个热水澡、做一套拉伸操；给心灵“充电”，可以读一本喜欢的书、听治愈的音乐，或者找朋友畅快地聊聊天。这就像给手机同时插上电源和耳机，尽情享受愉悦，让身心都元气满满。

3. 培养“正念”生活习惯

吃饭时细细品味食物的味道，走路时感受脚下的每一步，工作间隙做做深呼吸。这种专注当下的“正念”练习，能帮人减少胡思乱想，缓解焦虑。比如吃饭时不再狼吞虎咽刷手机，而是认真咀嚼，会发现食物更香了，心情也更平静了。

4. 建立运动社交圈

别把运动当成痛苦的任务，约上朋友一起打羽毛球、爬山、跳广场舞，在锻炼身体的同时，还能增进感情、释放压力。运动时的欢声笑语，会让人忘记烦恼，感觉身体和心灵都得到了释放，这就像给健康加了“双保险”，一举两得。

5. 学会自我关怀

当身体不舒服或心情不好时，试试这“三件套”：对自己说几句鼓励的话，比如“没关系，我已经很棒了”；做一件让自己开心的小事，吃块巧克力、看一集搞笑综艺节目；好好睡一觉，让身体和大脑充分休息。

记住，照顾好自己，是保持身心平衡的第一步。

健康不是一场只看单项成绩的考试，而是需要身心协同作战的马拉松。放下对单一指标的执着，学会倾听身体和心理的声音，保持两者的平衡，才能在人生路上走得更远、更稳，真正拥抱健康美好的生活。

压力大？来份“放松套餐”解解压

每天被工作 KPI 追着跑，房贷与车贷像两座大山……在现今这个竞争激烈的社会，人们的压力都很大。但老绷着神经，身体迟早“拉警报”。别慌！这份“放松套餐”专治各种焦虑，不用辞职旅行，也不用花大钱，在家就能使用。

收好这些放松小贴士，让压力原地消失。

1. 试试五感重启法

人的五感是指形、声、闻、味、敏，分别对应人的视觉、听觉、嗅觉、味觉与触觉。在视觉方面，可以把手机壁纸换成碧海蓝天或毛茸茸的小动物，工作间隙刷到瞬间治愈；在听觉方面，听一些助眠音频，耳边细碎的敲击声、翻书声，能让紧绷的神经一秒放松；在嗅觉方面，在房间点上香薰蜡烛，薰衣草味助眠，柑橘味提神，香味一飘，便能够放松你的神经；在味觉方面，吃块黑巧克力，可可里的镁元素能帮人赶走焦虑；在触觉方面，周末裹着毛毯窝在沙发里，抱着软乎乎的抱枕，像被云朵托住，压力自动减半。

2. 随性运动

别强迫自己跑 5 公里或做半小时器械运动，累到生无可恋反而更焦虑。试试“3 分钟运动法”：拉伸一下僵硬的肩颈，对着空气打一套“乱拳”发泄情绪，或者跟着音乐随意舞蹈，主打一个随心所欲。运动不是自虐，而是让身体分泌多巴胺，哪怕动几下、扭一扭身体，都能让心情好起来。

3. 给自己的时间留白

每天从日程表里留出 15 分钟，关掉手机、拉上窗帘，什么都不做，就躺着发呆。别小看这片刻空白，大脑在放空时会自动整理情绪碎片，就像给电脑清理缓存，重启后运行速度会加快。周末去菜市场慢悠悠挑菜，回家笨拙地学做一道新菜，享受生活最朴素的烟火气。

4. 准备“快乐急救包”

把能让人迅速开心的东西塞进包里，比如解压玩具、喜欢的零食等。当感到压力来临时，拿出解压玩具玩一会儿或吃点零食，从而缓解自己的压力。

5. 学会拒绝

同事突然让你完成不属于你的工作时，别一味接受，可以笑着说：“我最近忙到冒烟，实在顾不过来啦。”朋友约你的饭局不想去，直接回复：“这周想休息一下，下次一定去！”适当拒绝，才能守住自己的“情绪电量”。

6. 在脑海里构建放松空间

在脑海里构建一个专属的放松空间，可能是开满花的山坡，也可能是温暖的小木屋。当感到压力增大时，闭上眼睛“瞬移”过去，深呼吸，想象微风拂面，能帮人快速抽离焦虑场景。

7. 写下开心日记

每天睡前花 5 分钟，写下 3 件当天的开心小事，哪怕是喝到一杯超好喝的奶茶，或者抢到末班地铁座位。翻开日记时会发现，生活里藏着好多闪闪发光的瞬间。

8. 和压力“和解”

别总想着彻底消灭压力，它就像影子，只要人活着就会存在。把压力当成提醒自己“该休息”的闹钟，用这份“放松套餐”与它和平共处，反而能把它变成前进的助推器。

记住，真正的放松不是什么都不管，放弃一切，而是给身心按下暂停键，充满电后再轻盈出发。毕竟，健康的第一性原理是身心平衡，会休息的人，才能走得更远。

养老的第一性原理是价值延续，而非被动等待

提到养老，很多人脑海中浮现的画面，可能是坐在摇椅上晒太阳，等着子女照顾；或是在养老院里打发时间，平淡地度过余生。但养老的第一性原理，其实并非如此被动等待，而是主动延续价值，

让生命在晚年依旧绽放光彩。

人们常把养老和“休息”画等号，觉得辛苦了大半辈子，老了就该停下来，什么事也不做。可是从第一性原理深入思考会发现：人是社会性动物，价值感是幸福感的关键来源；当人彻底停下，切断与外界的价值连接，内心很容易陷入空虚、迷茫。

张大爷退休前是单位骨干，退休后突然没了工作，每天除了买菜做饭，就是看电视。刚开始他还觉得挺新鲜，可没过几个月，他就觉得生活没意思，和家人交流也变少了，脾气也变得暴躁。

李奶奶退休后参加了社区的志愿者团队，帮着照顾孤寡老人，给孩子讲故事。她每天忙得不亦乐乎，不仅精神状态好，还结交了很多新朋友，整个人容光焕发。

以上例子充分说明，即便到了晚年，只要能找到延续价值的方式，生活依旧可以充实、快乐。

那么，怎么才能在养老过程中实现价值延续呢？

1. 发挥专长，传授经验

人们在工作生涯中积累了丰富经验，这是一笔宝贵的财富。退休后，别让这些经验“沉睡”了，可以去社区开讲座，分享行业知识；可以给年轻人当职业导师，帮他们少走弯路。

2. 培养兴趣，创造价值

重拾年轻时的爱好，或者培养新兴趣，将其发展成能创造价值的事。比如喜欢摄影，就用镜头记录生活，满意的作品可以投稿参赛、在社交媒体分享，还能组织摄影交流活动，带动更多人感受摄影的魅力。

3. 参与公益，奉献爱心

投身公益事业，也是价值延续的好途径。如参加社区组织的公益活动，慰问孤寡老人，给贫困地区孩子捐赠书籍，或者参加环保活动。在帮助他人的过程中，能收获满满的成就感，体会到自己对社会仍有贡献。

4. 学习新知识，与时俱进

别让年龄成为学习的阻碍，持续学习能让大脑保持活跃，还能开辟新的价值空间。如今互联网发达，线上课程丰富，退休后如有时间可以学一门外语、研究投资理财等，既能丰富生活，未来说不定还能派上用场。

5. 维系家庭关系，传承家风

对很多人来说，家庭是最重要的价值载体。养老期间，多花些时间和家人相处，给晚辈讲家族故事，传承优良家风。在这个过程中，既强化了亲情纽带，又能感受到自己在家庭中的核心价值。

养老不是人生的终点，而是新的起点。主动寻找延续价值的方式，才能在晚年依旧拥有精彩的人生，真正实现身心平衡的养老状态。

养老一定要规划先行，自主自强，而不是依赖子女

以前总说“养儿防老”，好像有了孩子，老了就有依靠了。但时代在改变，现在的养老，需要靠自己提前规划，自主自强，不能把希望全放在子女身上。

为何这么说呢？如今年轻人压力大，工作竞争激烈，生活开销也大，要买房、养孩子，还得操心自己的事业发展，能分给老人的精力和财力有限。指望子女时刻守在身边，事无巨细地照料，不太现实。要是没有提前规划，自己经济不宽裕，生活也没安排好，就只能眼巴巴等着子女救济，心里难免不踏实，还可能给子女增添负担，影响家庭关系。所以，养老得自己掌握主动权，规划先行。

那怎么规划呢？下面这些方法和注意事项可供参考。

1. 早做财务规划，兜里有钱心不慌

养老规划得趁早，越早开始，压力越小。

首先盘点下自己的财务状况，有多少存款，每月收入支出是多少，心里有个底。

然后设定养老目标，盘算一下退休后想过什么样的生活，固定花销如日常吃喝、水电费、物业费等，额外的花销如每年旅游两三次、生病的医疗费用等。这些加起来，估算一年需要多少钱。

最后，就得行动起来开始攒钱了。每个月固定拿出一部分工资存起来，能存多少是多少。别小看这一笔笔小钱，时间长了就是一大笔财富。还可以根据自己的风险承受能力，做点低风险的投资，比如存定期存款、买国债；有点冒险精神的，买点稳健型基金。要是经济条件允许，除基本社保外，再买份商业保险，给自己的晚年生活加层保障。

2. 安排好居住环境，住得舒心很重要

要提前考虑好自己退休后住哪儿。如果身体还硬朗，喜欢自由，就可以继续住自己熟悉的房子，不过最好周边有医院、菜市场、公园这些配套设施，方便生活。要是觉得打理房子麻烦，也可以考虑去养老社区。现在很多养老社区环境优美，服务设施齐全，还有各种娱乐活动，能让人的晚年生活丰富多彩。

要是决定继续住家里，也可以提前做些适老化改造，像在卫生间装扶手、地面注意防滑等，保证居住安全。

3. 重视健康管理，身体是幸福的本钱

健康是养老的关键，身体是幸福的本钱。

养成良好的生活习惯，每天早睡早起，饮食清淡，多吃蔬菜水果，少吃油腻、辛辣的食物。

坚持适量运动，像散步、打太极拳、跳广场舞，每天动一动，身体更健康。

每年定期去做体检，有什么小毛病，早发现早治疗，别拖成大病。

4. 培养兴趣爱好，精神生活要丰富

退休后时间多了，不要天天在家闲着，可以给自己找点事情做。

想想自己以前有什么爱好，一直没时间做的事，现在可以做起来了。喜欢画画，就去报个绘画班；爱唱歌，可以参加个合唱团；钟情旅游，就背上背包去看看外面的世界。此外，还可以参加社区组织的各种活动，结交新朋友，拓展社交圈，让自己的生活充实起来，精神头也更好。

5. 制定应急方案，有备无患才安心

生活总有意外，养老规划里也得考虑到这一点。

准备一笔应急资金，存 3~6 个月的生活费，放在活期账户里，万一有个急事，能马上拿出来用。

和子女、亲朋好友保持良好沟通，让他们知道自己的养老计划，也让他们了解自己的身体状况。

另外，还可以和邻居处好关系，遇到突发情况，邻居说不定能帮上忙。

总之，养老是自己的事儿，提前规划，自主自强，才能在晚年过上自己想要的生活，既不给子女添乱，又能让自己过得舒心自在。

第十章 把控未来的第一性原理是拥抱变化，回归本质

在这风云变幻的时代，未来就像一团迷雾，难以捉摸。但人们都渴望把控未来，让人生之路走得更加笃定。其实，掌握未来走向的关键，就藏在“拥抱变化，回归本质”之中。

未来从不眷顾因循守旧、畏缩不前的人，只有那些勇于接纳新事物、在浪潮中顺势而为，同时又能洞悉事物的根本、不被表象迷惑的人，才能在时代的洪流里找准方向，驶向理想的彼岸。

本章将深入探究这一把控未来的第一性原理。

人生的第一性原理是意义自赋，而非他人定义或社会标尺

人生的意义到底是什么？从小到大，耳边总有各种声音在定义“好的人生”：考上好大学，找份稳定工作，结婚生子。仿佛这就是人生的标准答案，一旦偏离，就像做错了题。但其实，人生的第一性原理，是自己赋予它的意义，而不是盲目遵循他人的定义，或是被社会标尺束缚。

想想看，一个人要是一辈子都活在别人的期待里，那得多累啊！人生不是流水线上的产品，没有统一模板。每个人都是独一无二的，有着不同的兴趣、天赋和梦想，只有自己，才最清楚什么样的生活能让内心充实、快乐。

那怎么才能自赋人生意义，活出真实的自己呢？以下几个方法，希望能带来一定的启发。

1. 深度探索自我，挖掘兴趣热爱

找个安静的时间，静下心来，问问自己：“什么事能让我废寝忘食？小时候有哪些梦想，一直被搁置了？”比如喜欢画画，哪怕工作再忙，周末画几笔，也会觉得特别满足，那绘画或许就是人生意义的一部分。

从兴趣入手，找到让自己发光发热的事，把它融入生活，人生自然有了奔头。

2. 不被外界干扰，坚持内心选择

生活中，总有人喜欢指手画脚，千万别让这些噪声影响自己的选择。

小王大学毕业后，放弃了大城市的高薪工作，回老家创业，开了家手工陶艺店。很多人不理解，觉得他没出息。但小王不为所动，他享受制作陶艺的过程，也想把这份美好传递给更多人。如今，他的小店生意红火，还带动了当地的文化产业。

所以，只要认定的事，符合自己的价值观，就大胆去做，别管别人怎么说。

3. 设定个人目标，打造人生“里程碑”

根据自己的兴趣和理想，制定短期、中期和长期目标。这些目标就是人生路上的“里程碑”，每实现一个，都能感受到自己在成长、在进步。目标不用太大，比如这个月读一本好书，年底学会一门新技能，几年内完成一次长途旅行等。

一个个小目标的积累，会让人生变得丰富多彩。

4. 从失败挫折中汲取力量，重新定义人生意义

谁的人生都不可能一帆风顺，遇到失败挫折时，别气馁，把它们当成重新审视自己、调整方向的机会。

小张创业失败，亏了不少钱。但他没有一蹶不振，而是反思自己在创业过程中的不足，发现自己对营销策划很有天赋。后来，他转行做营销，凭借之前的经验，干得风生水起。

挫折有时能帮人发现新的人生意义，关键是要有重新出发的勇气。

5. 投身社会，在奉献中找寻意义

个人的意义和社会价值并不冲突。帮助他人、为社会做贡献，会收获一种成就感和满足感。可以参加志愿者活动，去偏远地区支教，也可以加入环保组织。在帮助他人的过程中，会发现自己的人生意义得到了升华。

人生是一场独特的旅程，别让他人的定义和社会标尺掩盖了自己的光芒。勇敢地去探索、去尝试，自赋人生意义，才能过上真正属于自己的精彩人生。

幸福的第一性原理是内心自洽，而非物质堆砌或外部认可

看到别人在朋友圈晒自己多姿多彩的生活时，会不会突然觉得自己的生活黯淡无光？

加班到深夜，为了多挣点加班费咬牙坚持，心里却忍不住问："这真的是我想要的生活吗？"

很多人把幸福和物质、他人认可画等号，以为房子越大、存款越多、点赞数越高，就越幸福。但实际上，幸福的第一性原理，是内心自洽——活得舒心坦然，不拧巴、不焦虑，而不是靠物质堆砌，或者拼命讨好外界的眼光。

小林工作五年跳槽三次，每次都冲着高薪去。虽然工资越来越高，可他总觉得空虚。直到有一天，他辞掉高薪工作，转行做了插画师，收入少了一大半，但每天画自己喜欢的画，整个人都放松了。他说："现在虽然没有什么大钱，但我终于感觉自己是在为自己活着。"反观

小张，虽然他买了大房子与豪车，朋友圈中发的照片都是他光鲜亮丽的生活，却总抱怨房贷压力大，和家人关系也越来越疏远。这就是典型的被物质和外界标准推着走，丢了内心的安宁。

想要找到真正的幸福，实现内心自洽，不妨试试下面这些方法。

1. 定期“断舍离”，给内心减负

物质带来的快乐往往是短暂的，太多的东西反而会成为负担。可以每个季度花半天时间，收拾房间，把不用的衣服、闲置的物品捐掉或卖掉。

更重要的是，在精神层面也要“断舍离”，删掉那些让人焦虑的社交群，取消关注带有负能量的博主。就像给手机清理内存一样，给内心腾出空间，才能装下真正重要的东西。

2. 停止“比较游戏”，专注自己的赛道

总盯着别人的生活，就像在玩一场永远赢不了的比赛。同事升职加薪，同学结婚生子，这些和自己的幸福没有什么关系。可以准备个小本子，每天记录三件让自己开心的小事，哪怕是吃到好吃的早餐、看到路边的花开了。

把注意力放在自己的生活里，才能发现平凡日子里的幸福。

3. 接纳不完美，和自己和解

谁都不是完美无缺的，胖了几斤、工作出了小差错，别总揪着自己不放。

有一个姐姐，以前总因为脸上的雀斑自卑，后来她学着接受自己，还开玩笑说这是“太阳的吻痕”。现在的她自信又洒脱，连带着生活也变得更有意思了。

所以，允许自己犯错，允许自己偶尔偷懒，和不完美的自己和解，反而能活得更自在。

4. 找到热爱，让生活有盼头

当人做喜欢的事时，时间过得飞快，心里还特别满足。不管是下班后弹半小时吉他，还是周末去公园拍鸟，找到一件能让人投入其中的事，给生活注入热情。

有人坚持每天写 500 字日记，3 年后出了本书，虽然没赚多少钱，但那种成就感让他觉得特别幸福。

5. 建立真实的关系，少点无效社交

减少与只能一起吃喝玩乐，却不能倾诉心事的朋友交往。花时间和真正懂自己、支持自己的人相处，哪怕只有一两个知心好友，也比十几个狐朋狗友强。

和家人坐下来好好吃顿饭，和朋友聊聊心里话，在真实的情感交流中，会感受到满满的温暖和力量。

幸福从来不在别人的嘴里，也不在手机的购物车里，而是藏在和自己和解的那一刻，藏在专注热爱的事物里，藏在内心的平静与自洽之中。

关掉攀比的滤镜，放下讨好的负担，会发现幸福原来触手可及。

运用第一性原理设计人生路径

人生就像一场没有地图的旅行，要是没有方向，很容易在各种岔路中迷失。第一性原理就像个指南针，能帮人拨开迷雾，找到最适合自己的人生路径。

简单来讲，第一性原理就是回到事物最根本的起点，把复杂问题拆解成最基础的要素，然后从这些要素出发，重新构建解决方案。

那具体该怎么用第一性原理来设计人生路径呢？下面这几个方法，可以参考。

1. 深挖人生目标，找到核心“为什么”

很多人忙忙碌碌一辈子，都没想过自己到底为什么而活。用第一性原理思考，就是打破砂锅问到底，多问问自己：“我真正想要的是什么？”别被外界的声音干扰，什么热门职业、高薪工作，这些不一定适合自己。

大家都觉得当公务员安稳，小李也跟风去考，可上班后发现自己每天都提不起劲。后来他静下心思考，发现自己对摄影充满热情，于是辞职转行，成了一名自由摄影师，虽然收入不稳定，但每天都过得很开心与充实。

所以，花时间好好想想什么能让自己的内心真正满足，找到这个“为什么”，它就是人生路径的基石。

2. 剖析自身优势，发挥独特价值

每个人都有自己的闪光点，这就是第一性原理要素。有些人擅长沟通，能轻松化解矛盾；有些人对数字敏感，算账理财有一手；有些人特别有创意，总能想出新奇点子。把这些优势找出来，在规划人生路径时，想办法让它们发光发热。比如，有人文笔不错，又喜欢分享美食，就开了个美食公众号，写测评、做推荐，吸引了大量粉丝，还和商家合作，把爱好变成了事业。

挖掘自身优势，在人生路上会事半功倍。

3. 摆脱惯性思维，勇于尝试新可能

人们常常被习惯和经验束缚，若觉得“一直都是这么做的”，就不愿意改变。因此，一定要尝试打破这种惯性。

如果一直在传统行业工作，不妨了解一下新兴领域，说不定会发现新机会。像有的实体店老板，受电商冲击生意不好，马上就突破传统思维，把生意搬到线上，直播带货、做社群营销，成功转型。

别害怕走出舒适区，尝试新事物，也许就能找到人生新方向。

4. 立足长远规划，避免短期诱惑干扰

人生是场长跑，不能只看眼前利益。用第一性原理设计人生路径，要从长远角度考虑。比如，要想提高自己的竞争力，是花时间学习一门新技能，还是天天看剧、打游戏？虽然看剧轻松愉快，但学技能能让未来有更多选择。

制订人生规划时，一定要把目光放远，别被短期诱惑迷惑，坚持朝着长期目标前进。

5. 保持灵活调整，适应变化，不僵化

世界变化太快，再好的计划也可能赶不上变化。第一性原理不是让人定好计划就一成不变，而是要保持灵活性。当遇到新情况、新问题时，就需要重新审视自己的人生路径，根据变化调整。

人生路径不是直线，懂得灵活变通，才能走得更稳更远。

用第一性原理设计人生路径，就是要回归自我，找到核心目标和优势，突破思维限制，立足长远且灵活应变。只要掌握这些方法，哪怕是普通人，也能规划出精彩的人生，走出属于自己的独特道路。

敢于试错，人生的容错率大到无法想象

你有没有过这样的时刻？想转行学新技能，却担心年龄大了学不会；想创业开店，又怕血本无归；甚至连点杯没喝过的奶茶，都纠结半天怕不好喝。总在各种“万一失败了怎么办”的担忧里，错失了很多可能性。

人生的转机，往往藏在那些看似失败的尝试里。

既然人生的容错率这么高，那该怎么去大胆试错，又能避免失败呢？

1. 从“试小错”开始

先从低成本尝试入手。想学编程，别直接报高价培训班，可以先在网络上找免费教程试学两周；想开网店，可以先在闲置网站倒卖闲置物品练手。

这就像学游泳先在浅水区扑腾，小错试多了，心里有底了，再挑战深水区。

2. 把失败当成一种人生体验

别把失败当终点，而是当成解锁新技能的机会。每次犯错都问自己：“我学到了什么？下次怎么改进？”这样一来，错误就成了“升级打怪”的经验值。

3. 设置止损线，避免越陷越深

试错不是瞎折腾，得给自己定个底线。创业可以先规划好只投入 10 万元，亏完立刻止损；转行前存够 6 个月生活费，避免经济断粮焦虑。这就像玩游戏设置存档点，就算失败了也能退回安全区重新来过。

4. 屏蔽负能量

总有人喜欢给别人泼冷水：“都 30 多岁了还折腾什么！”“创业九死一生，别做梦了！”这些话听听就好，别往心里去。

要建立自己的“试错后援团”，多找那些愿意鼓励人、能给出建设性意见的朋友聊聊，还可以和同样想转型的小伙伴组队互相打气。

5. 记录“试错成就清单”，给自己鼓气

准备一个小本子，每次尝试新事物都记下来。哪怕结果失败了，也要把过程中的收获写上去，如“学会了剪辑软件基础操作”“认识了三个行业精英”。

当怀疑自己时，翻开看看，就会发现原来不知不觉已经解锁了这么多成就。

人生不是单选题，没有绝对正确的答案。与其在犹豫中消耗生命，不如大胆按下“试错键”。要知道，浪费的每一次机会，都可能是未来的自己最想回到的起点。放手去闯吧，大不了从头再来！

持续复盘精进，人生没有终点线

每个人可能都有过这样的经历：明明很努力做事，可结果却总

是不尽如人意；年初立的目标，到年底发现完成的没几个。这时候，别忙着焦虑自责，很可能是少了“复盘”这关键一步。

人生像是一场探索未知的马拉松，而持续复盘精进，就是一路升级打怪、解锁新技能的“秘密武器”。

小周一直想提高自己的写作能力，每天坚持写日记，可过了半年，文章还是干巴巴的。后来他开始每周花半小时复盘，分析自己写得好的段落好在哪里，流水账式的记录差在哪里，再对比优秀文章的结构和表达方式。坚持三个月后，他写的工作总结被领导当众表扬，还受邀给部门写宣传稿。

这就是复盘的魔力，它能让人从过往经历中提取“经验值”，把每一次尝试都变成成长的阶梯。

例如很多人办了健身卡，坚持去了几次，发现体重没降就放弃了。但聪明的人会定期复盘：这周饮食哪里没控制好？锻炼动作是不是不标准？调整方案后继续坚持，效果自然就出来了。

人生处处都需要复盘，小到一顿饭的搭配，大到职业规划的调整，只有不断回头看，才能更清晰地往前走。

那具体怎么做到持续复盘精进呢？记住下面这几个实用方法。

1. 定期“回头看”，养成复盘习惯

每周抽半小时、每月留一小时，回顾这一阶段做了什么，有哪些收获，踩了哪些“坑”。

可以准备一个复盘笔记本，或者用手机备忘录，把想到的随手记下来。刚开始可能觉得没啥可写，但坚持一段时间，会发现自己记录的内容越来越多，思路也越来越清晰。

2. 学会对自己提问，深度剖析问题

复盘时，问自己三个问题："目标达成了吗？""做得好的地方是什么？""哪些地方可以改进？"

比如想通过读书提高认知，一个月读了两本书，复盘时就要思考："这两本书有没有解决我的困惑？书中哪些观点让我眼前一亮？下次选书可以从哪些渠道获取更优质的资源？"

通过这三个问题，能帮人快速抓住重点，找到改进方向。

3. 建立错题本，避免重复踩坑

学生时代的错题本能帮人提高成绩，人生的错题本也能帮人少走弯路。把那些让人后悔、懊恼的事记下来，分析当时为什么会犯错，下次遇到类似情况该怎么处理。

比如因为冲动消费买了一堆没用的东西，就在错题本上写下："下次购物前，列好清单，冷静 24 小时再决定是否购买。"

4. 主动求反馈，跳出自我局限

"当局者迷，旁观者清。"很多时候，自己复盘可能会有盲区，这时候就要主动向他人请教。

完成一个项目后，问问领导和同事："你们觉得我哪些地方做得好，哪些地方还需要改进？"

和朋友聊天时，也可以聊聊最近的困惑，听听他们的看法。

不同的视角能让人发现自己忽略的问题，获得新的启发。

5. 小步迭代，稳步前进

复盘不是为了苛责自己，而是为了更好地成长。别指望一次复盘就能实现巨大飞跃，每次找到一两个可以改进的点，小步快跑，

持续迭代。就像升级软件，每次更新优化一点点，时间长了，就能实现质的变化。

人生没有一劳永逸的成功，也没有无法挽回的失败。持续复盘精进，就像给人生装上了“智能导航”，能帮人在不断变化的道路上，始终朝着目标前行。

比努力更重要的，是学会用底层逻辑去思考问题

每个人可能都有过这样的经历：明明每天加班到深夜，工作成果却平平无奇；健身三个月，体重不降反增；苦学英语多年，一开口还是结结巴巴。这时候，别只怪自己不够努力，很可能是思考方式出了问题。

在人生这场“通关游戏”里，比闷头努力升级打怪更重要的，是摸清游戏背后的底层逻辑，找到通关捷径。

就像种地，如果只知道拼命浇水施肥，却不了解农作物的生长规律，反而可能颗粒无收。有人种番茄，天天追着邻居问“为什么我的番茄不结果”，却从没想过是不是土壤酸碱度不合适，或者光照时间不够。反观邻居，先研究番茄生长需要的温度、湿度、光照等底层条件，再根据自家地块调整种植方法，年年都是大丰收。

这就是底层逻辑思考的魔力——找到问题的本质，对症下药，才能事半功倍。

努力固然不可或缺，但用错了方向，只会越努力越迷茫。

那该怎么掌握用底层逻辑思考问题的能力呢？记住下面这几个

超实用的方法。

1. 遇事多问“为什么”，挖到问题的“根”

遇到问题别停留在表面，要层层追问。比如工作效率低，别只说“任务太多”，要再问问自己：“为什么任务多？是分配不合理，还是自己时间管理有问题？为什么时间管理差？是不会设置优先级，还是总被无效事务干扰？”

只有深挖到最后，才会发现真正的问题所在。

2. 建立“问题拆解清单”，把大难题切成小目标

复杂问题就像巨型拼图，直接上手容易使人犯蒙，可以把它拆分成小块，再逐个击破。

例如，想创业开网店，别只顾着定“月入过万”的目标，要先将目标拆解成选品、找货源、搭建店铺、引流推广等步骤。每个步骤再细分，比如引流可以拆分为社交媒体运营、付费推广、合作互推等。这样就把抽象问题具体化，执行起来更清晰。

3. 积累思维模型库，遇事直接套模板

就像用数学公式能快速解题，思维模型也能帮人高效思考。常见的思维模型有“SWOT 分析”（分析优势、劣势、机会、威胁）、“5W1H”（何事、何人、何时、何地、为何、如何）等。

比如纠结要不要换工作，可用 SWOT 分析：优势是能接触新领域，劣势是要重新适应，机会是行业前景好，威胁是新公司稳定性未知。通过模型分析，答案自然浮出水面。

4. 跳出经验陷阱，用本质规律代替惯性思维

过去的成功经验有时会变成“绊脚石”。以前实体店靠地段好就能生意火爆，现在电商兴起，还死守老套路肯定不行。

遇到新问题，先抛开“以前都是这么做的”，从事物本质规律出发。比如零售的本质是“人、货、场”，无论形式怎么变，围绕这三点优化，总能找到出路。

5. 多学科交叉学习，打造跨界思维

单一学科的知识就像单机游戏，多学科融合才能放大招。学经济学能懂供需关系，用在求职上就是分析人才市场需求；学生物学了解进化规律，套用到个人成长上就是不断迭代升级。

如果有空闲时间的话，多看不同领域的书籍、学习相关课程，将知识融会贯通，会发现看问题的角度越来越独特。

努力是人生的入场券，但用底层逻辑思考才是通往成功的 VIP 通道。与其像无头苍蝇一样横冲直撞，不如静下心来，摸清问题背后的本质规律。

运用第一性原理，抓住未来的财富风口

每次财富风口出现，大多数人要么后知后觉，只能看着别人赚得盆满钵满；要么盲目跟风，最后摔得鼻青脸肿。

其实，想要精准抓住未来的财富风口，关键得学会用第一性原理“透视”行业本质，把那些看似复杂的商业现象，拆解成最基础的要素，这样才能在机会来临前完成布局。

网络直播卖货兴起时，很多人只看到主播在镜头前喊口号就能卖货，却没思考背后的本质：它解决了消费者“边看边买”的即时需求，打破了传统电商图文展示的局限性。而那些运用第一性原理思考的人，早早发现了直播卖货对供应链、物流、营销等环节带来的变革，提前入局相关领域，无论是做主播、选品，还是搭建供应链，都赚到了红利。

那么，该怎么运用第一性原理抓住未来的财富风口呢？

1. 拆解行业核心，别被表象迷惑

看到热门行业，先别急着跟风，把它拆解成最基础的要素。

比如分析元宇宙概念，别只盯着炫酷的虚拟场景，而是思考它的核心——需要强大的硬件设备（芯片、VR/AR 眼镜）、流畅的网络技术（5G/6G）、丰富的内容生态。从这些基础要素出发，会发现除了直接参与元宇宙开发，为其提供硬件支持、内容创作的相关行业，同样隐藏着财富机会。

2. 紧盯需求本质，做个“机会捕手”

所有财富风口的出现，本质上都是为了满足某种未被充分满足的需求，所以要多关注社会趋势、政策变化、人口结构调整带来的需求变化。

比如随着老龄化加剧，老年人的健康管理、康复护理、老年文娱等需求日益增长，围绕这些需求的行业，未来大概率会成为财富风口。

多观察身边人需要解决的问题和期待，说不定就能发现潜在的商机。

3. 拒绝盲目跟风，形成独立思考能力

当某个行业突然爆火，各种赚钱消息铺天盖地时，要保持冷静。想想这个风口是基于真实的市场需求和技术进步，还是资本炒作的泡沫。

不被情绪左右，才能作出理性的投资和创业决策。

4. 跨界“混搭”资源，创造独特机会

财富风口往往出现在不同领域的交叉地带，把自己擅长的领域和新兴趋势结合起来，也许就能创造出独特的机会。懂编程又热爱美食的人，可以开发美食推荐算法；擅长设计又关注环保的人，可以推出可降解材料的创意产品。

多学习不同学科的知识，培养跨界思维，当风口来临时，就能比别人更快找到切入点。

5. 保持长期主义，别只图短期利益

真正的财富积累，靠的不是抓住一两个短期风口，而是持续发现和把握长期机会。

运用第一性原理判断一个行业是否有长期发展潜力，要看它是否解决了人类社会的根本性问题。像清洁能源，能缓解能源危机和环境污染，符合人类可持续发展的需求，就是一个值得长期关注和投入的领域。

别被短期的波动和诱惑影响，坚持长期主义，才能笑到最后。

未来的财富风口不会写着“机会在此”等人来捡，而是藏在复杂的表象之下。掌握第一性原理，学会拆解问题、洞察本质、独立思考，才能成为那个提前预判风口、乘风而起的人，在财富的浪潮中收获属于自己的成功！

把控未来的第一性原理是直面变化，回归本质

刚学会某种工作技能，转眼就被 AI 工具替代；考上某个热门的专业，毕业时却发现市场需求早已饱和……这就是当下正在经历的时代，变化快得让人眼花缭乱。

但越是在这样的环境里，越要记住：把控未来的第一性原理，就是直面变化，回归本质。就像在湍急的河流里划船，既要灵活调整方向避开暗礁，又要牢牢握住船桨不迷失方向。

为什么说直面变化是关键？

想想 10 年前，谁能料到直播卖货会火遍全网，网约车能改变出行方式？那些拒绝改变的实体店老板、固守传统打车模式的司机，渐渐被时代甩在身后。

而主动直面变化的人，总能找到新机会。比如某卖菜阿姨学起短视频直播，把自家菜园子搬到线上，销量翻了 10 倍；程序员转型 AI 训练师，薪资直接翻倍。

变化看似残酷，却也藏着无数“彩蛋”，只有敢于伸手接住的人，才能拆开惊喜。

但光直面变化还不够，还得学会回归本质。就拿买东西来说，商家各种促销套路让人眼花缭乱，满减、预售、直播间秒杀……但购物的本质是满足需求。回归这个本质，就能避开冲动消费的“坑”。

职场也是如此，技术不断更新，但沟通协作、解决问题的能力

永远不会过时。抓住这些本质,就像握住了定海神针,任凭风浪再大,也能稳住阵脚。

那具体怎么才能做到“拥抱变化,回归本质”呢?

1. 当自己的“变化雷达”,保持信息敏感度

千万别两耳不闻窗外事,每天花半小时阅读行业资讯、看看科技趋势,哪怕是看到有趣的冷门知识,也可能成为未来的机会线索;关注几个行业博主,参加线上线下交流会,让自己始终处于信息接收状态。

2. 给生活做“断舍离”,筛选真正重要的事

变化再多,核心需求就那么几个。每年列个“人生必需品清单”,哪些是维持幸福感的关键?是家人的陪伴、稳定的收入,还是自我成长?想清楚后,把精力聚焦在这些本质需求上。

比如有人沉迷各种社交活动,看似人脉很广,实则浪费时间。回归本质后才发现,深耕几个高质量关系,远比泛泛之交重要。

3. 培养“可迁移能力”,以不变应万变

AI 能代替重复劳动,但代替不了创造力和共情力。写作、沟通、逻辑分析这些能力,无论时代怎么变都用得上。每天抽出时间刻意练习,比如写 500 字日记锻炼写作能力,拆解商业案例提高逻辑思维。这些能力就像充电宝,走到哪儿都能给自己续航。

4. 定期“重启人生”,主动创造变化

别等变化找上门才被动应对,要主动走出舒适区。每半年尝试一件没做过的事,如学跳一支舞、尝试摆摊卖货、报名公益项目等,这些新体验能帮人打破惯性思维,发现新的可能性。

5. 建立“本质检查清单”，遇事多问核心问题

做决策前，先问自己三个问题：“这件事的本质需求是什么？”“哪些是干扰因素？”“我的行动是否偏离了核心目标？”

比如想换工作，别被高薪诱惑冲昏头脑，要回归本质思考：“这份工作能带来个人成长吗？和我的长期规划匹配吗？”通过这样的灵魂拷问，作出更理性的选择。

未来就像盲盒，打开前永远不知道里面藏着什么。但只要掌握“直面变化，回归本质”的第一性原理，就能把未知变成惊喜，在时代的浪潮里稳稳把控自己想要的人生。